全国高等医药院校实验教材

生理学实验指导

王冰梅　张松江　杜联　主编

清华大学出版社

北京

内 容 简 介

本书是根据医学类本科生培养目标和生理学实验教学大纲编写的实验教学用书。其内容包括生物机能实验系统、生理学实验常用实验器材、动物实验基本操作技术以及神经与肌肉、血液、循环、呼吸、消化、泌尿、感觉、神经、内分泌与生殖等系统或组织的经典实验等，并列出生理学实验常用的药物及溶液、常用计量单位等基本知识。本书可作为医学类本科院校各专业的生理学教学用书，亦可供非医学院校的生命科学专业学生和广大生理学爱好者参考。

图书在版编目（CIP）数据

生理学实验指导 / 王冰梅，张松江，杜联主编. — 北京：清华大学出版社，2018（2024.2 重印）
（全国高等医药院校实验教材）
ISBN 978-7-302-49704-2

Ⅰ. ①生… Ⅱ. ①王… ②张… ③杜… Ⅲ. ①生理学 – 实验 – 医学院校 – 教材
Ⅳ. ① Q4-33

中国版本图书馆 CIP 数据核字（2018）第 035655 号

责任编辑：罗　健　王　华
封面设计：常雪影
责任校对：王淑云
责任印制：丛怀宇

出版发行：清华大学出版社
　　　　网　　　址：https://www.tup.com.cn, https://www.wqxuetang.com
　　　　地　　　址：北京清华大学学研大厦A座　　　邮　　　编：100084
　　　　社 总 机：010-83470000　　　邮　　　购：010-62786544
　　　　投稿与读者服务：010-62776969，c-service@tup.tsinghua.edu.cn
　　　　质量反馈：010-62772015，zhiliang@tup.tsinghua.edu.cn
印 装 者：三河市龙大印装有限公司
经　　销：全国新华书店
开　　本：185mm×260mm　　　印　　张：10.25　　　字　　数：290千字
版　　次：2018年5月第1版　　　　　　　　　　　印　　次：2024年2月第7次印刷
定　　价：29.80元

产品编号：063930-01

编 者 名 单

主　　编　王冰梅　张松江　杜　联
副 主 编　王　微　高剑峰　徐慧颖
编　　委　（以姓氏笔画为序）

王　权（河南中医药大学）

王　微（长春中医药大学）

王冰梅（长春中医药大学）

王晓燕（长春中医药大学）

史文婷（长春中医药大学）

白金萍（长春中医药大学）

刘　畅（长春中医药大学）

杜　联（成都中医药大学）

李驰坤（长春中医药大学）

张松江（河南中医药大学）

郑彦臣（长春中医药大学）

孟　超（长春中医药大学）

赵献敏（河南中医药大学）

段雪琳（广西中医药大学）

徐慧颖（长春中医药大学）

高剑峰（河南中医药大学）

魏　琳（长春中医药大学）

PREFACE 前 言

　　生理学是医学专业学生的重要基础课之一，生理学实验是生理课教学的重要组成部分，是生理学发展的源泉。随着电子技术和计算机技术的快速发展，生理学实验发生了许多新的变化，为了适应教学仪器设备的更新，我们编写了本书。

　　本书系统地介绍了生理学实验的基础理论、基本知识和基本技能。本教材注重学生基本技能的培养，以系统性、科学性为编写原则，以满足生理课的教学需要为导向，辅以部分拓展性实验，以适应新时期生理学实验教学改革的需要。

　　4 所院校的多位老师通力合作完成本教材的编写工作。本书内容丰富，适当增加了跨学科的综合实验和学生自行设计的实验，并保持了实验教学的相对独立性，可作为基础医学、临床医学、麻醉学、中医学、中西医临床医学、针灸推拿学、护理学等专业的生理学实验教材，还可作为生物学等相关专业师生的参考用书。

王冰梅

2018 年 1 月

CONTENTS 目 录

第1章 总 论

第1节 生理学实验的目的和要求

一、生理学实验简介

生理学是生物学的分支学科。生理学本身是一门实验性学科，生理学实验是生理课教学过程中不可分割的一部分。生理学真正成为一门独立的实验性学科是从17世纪开始的。1628年，英国医生威廉·哈维用结扎的方法证明了血液循环的途径，出版了《心脏与血液运动的研究》一书。这是人类历史上第一部有明确实验证据的生理学著作，标志生理学成为一门独立的学科，也说明生理学是建立在实验和观察基础上的，生理学实验对生理学的创立和发展起到了重要作用，开创了医学科学实验研究的新篇章。

生理学实验课程兼顾微观和宏观，紧密联系机体的组织结构和功能，是一门有助于培养学生动手操作能力、自学能力、科学思维能力、创新能力的主干课程，包含基础性实验、综合性实验、科研性实验等方面内容。基础性实验强调生理学基本知识的掌握与基本技能的训练；综合性实验则进行较复杂的、实验项目较多的、涉及多器官系统功能的、难度较大的实验；科研性实验是指学生利用仪器、动物和药品，自选题目，查阅相关文献资料，设计实验方案，系统地完成实验，使学生初步了解实验生理学的科研过程，有利于培养学生各方面能力和综合素质。

二、生理学实验的目的

1. 通过相应的实验，使学生了解获得生理学知识的基本研究方法，初步掌握生理学实验的基本操作技能，以验证和巩固生理学的基本理论，提高学生学习生理学的兴趣和自觉性。

2. 使学生了解获得生理学知识的科学方法，熟悉生理学实验设计的基本原理与方法，通过对实验的观察、记录和分析、综合，培养严谨的科学作风、严肃的科学态度、严密的科学方法，进而培养学生科学研究的基本素质。

3. 通过实验课使学生能正确使用仪器，初步掌握常用实验的操作方法，提高学生的动手能力。

4. 通过实验研究提高学生对客观事物观察、比较、分析以及独立思考、解决实际问题的能力和运用所学的知识及技能进行科学研究的能力。

三、生理学实验的基本要求

生理学实验所采用的不少仪器设备都很精密，因此需要学生认真学习操作过程，爱护实验设备，遵守实验室规则。

1. 实验前

（1）仔细阅读实验指导，了解实验的基本内容，包括实验目的、实验原理、步骤方法、观察项目及注意事项。

（2）结合本次实验内容，复习相关理论知识。事先充分理解，并应用已知的理论知识对实验各个步骤可能出现的结果做出预测。

（3）预计实验中可能出现的问题和实验误差，确定解决和纠正的方法。

2．实验中

（1）严格遵守实验室规则，实验器材放置整齐、有序。

（2）认真听教师的讲解，特别注意教师对实验步骤的示教操作以及注意事项的讲解，严格按照实验步骤进行操作。

（3）要以严谨、实事求是的科学态度，仔细观察实验过程中出现的现象，如实记录实验结果，联系理论分析和思考各种结果产生的原因。对没有达到预期结果的，要分析原因；有可能的话，应重复该部分实验。

（4）实验操作中遇到疑难问题时，应设法解决，或请指导教师协助。若实验过程中仪器出现故障，应立即向指导教师报告。

（5）在实验过程中，要注意节约动物和实验耗材，爱护实验设备，充分发挥各种器材的作用，保证实验过程顺利进行。

（6）同学间团结互助，组内分工合作，轮流进行实验操作项目，做到操作机会人人均等。

3．实验后

（1）实验完毕后，按指导教师指定的地点集中存放动物尸体。

（2）将实验用具整理归位，清点并擦洗所有器械，请指导教师验收。如有损坏或缺少，应进行登记或按规定赔偿。

（3）值日生应做好实验室的卫生清洁工作，离开前应关好水、电、煤气、门窗。

（4）整理实验记录，认真撰写实验报告，按时上交，由指导教师批阅。

（王冰梅　王　微）

第2节　实验结果的整理与实验报告的撰写

一、实验结果的整理

整理实验结果就是将实验过程中所观察到的现象和所获得的数据进行系统化、条理化的整理、归类、分析和统计学处理并找出规律的过程。

在所得实验结果中，凡属于可以定量检测的资料，如高低、长短、快慢、多少等均应以规定的单位和客观的数值予以表达。必要时可进行统计学处理，以保证结论的可靠性。有些实验数据可以用统计表或图表示，以使结果鲜明、突出，便于比较。需附结果图时，应使用原始记录，以保证结果的真实性。

二、实验报告的撰写

（一）基本要求

书写实验报告是生理学实验课的基本训练之一，应以科学的态度认真撰写，为将来撰写科研论文打下良好的基础。实验报告的撰写，要求条理清晰、观点明确、语句通顺、书写工整。

（二）基本格式

实验报告一般包括如下内容：

1．一般情况　包括实验人员的姓名、年级、专业、班次、组别、实验日期、实验室的温度和湿度。

2. 实验题目　即实验名称。

3. 实验目的　要求尽可能简洁明了。

4. 实验对象　若为动物，要求写明种、属、性别、体重、名称等。

5. 实验方法和步骤　如实验指导有详细介绍，只需简明扼要写明主要实验方法、实验技术和实验技术路线。

6. 实验结果与分析　这是实验报告中的核心部分。实验结果应根据实验过程中所观察到的真实记录（原始资料），不要按主观想象或过后的回忆去描述，否则容易发生错误或遗漏，使结果失去可靠性。实验结果的分析推理要有依据，实事求是，符合逻辑，提出自己的见解和认识。要通过实验结果提出进一步研究的依据和必要性，而不是用现成的理论对实验结果作一般性的解释。切忌盲目抄袭书本或别人的实验报告。如在实验中出现非预期结果，应该分析其可能的原因。

7. 结论　实验结论是在分析实验结果的基础上得出的概括性判断或理论的简明总结，应简明扼要、切合实际，并与本实验目的相呼应。

（郑彦臣　王冰梅）

第 3 节　生理学实验室规则

一、实验室基本规则

1. 自觉遵守学习纪律，不迟到早退，不无故缺席，有事须向教师请假。

2. 实验者必须穿白大衣。

3. 实验前

（1）认真预习实验指导及有关理论内容，事先充分理解，并应用已知的理论知识对实验各个步骤可能出现的结果做出预测。

（2）实验器械的领取：各小组组长凭本人学生证到生理实验准备室领取本次实验课所需的实验用品；参照器械清单，检查领取的器械，如有缺损及时声明。

（3）值日生事先声明：由各班班长安排值日生，在领取用品时事先声明并登记；未事先声明者，视为全班同学共同值日。

（4）特殊情况：若组长请假未出席实验，应事先安排某一组员持其本人学生证领取物品。该同学将对领取的物品负责。

4. 实验中

（1）保持实验室肃静，不大声说话，以免影响其他小组的实验。

（2）爱护实验设备，按实验操作步骤认真完成实验。

（3）不得用仪器设备进行与实验无关的操作，如有违反，平时成绩计为 0 分，取消期末考试资格。

（4）组长应按照真实情况填写《多媒体生物信号采集系统使用记录》。

（5）保持实验室整齐清洁，与学习无关的物品不要带进实验室。

5. 实验后

（1）非值日生同学的器械归还：清洁实验台及实验器械后，组长应主动找教师检查（应用仪器设备者，教师在《使用记录》上签字），检查后学生方可到准备室归还器械及卡片；在准备室由教师检查归还的器械，合格后发还学生证。如有缺损，应按规定予以赔偿。

（2）值日生的器械归还：必须待教师对实验室卫生检查完毕后方可归还器械。

二、实验室安全规则

1. 实验室内禁止吸烟。

2. 服装应符合实验室设备的要求，实验室内应穿白大衣；应穿着舒适、防滑并能保护整个脚面的鞋子；长发不可下垂，避免与污染物质接触或影响实验操作；不可留长胡须。

3. 实验前应做好准备，必须对所用药品与设备性能有充分的了解，熟悉每个具体操作中的安全注意事项。

4. 实验前必须熟悉实验室及其周围的环境，尤其是水龙头、电闸门的位置。

5. 实验时应保持安静，思想要集中，遵守操作规程，切勿粗心大意，更不准在实验室内嬉笑打闹。

6. 严禁在实验室内饮食或煮食，或把食具带进实验室。

7. 每次实验完毕后应把手洗净，关闭水、电、煤气等设施后才能离开实验室。

8. 实验结束后将动物放于教师指定的位置，以便集中处理。

9. 手上有水或潮湿时请勿接触电器设备，严禁在水槽旁使用电器插座，防止漏电、触电。

10. 临时停水、停电时，要立即拧紧水龙头和拉下电闸，以免恢复供应时带来严重事故。

三、实验室伤害的预处理

1. 动物咬伤或抓伤：用力挤压伤口，使感染的血液充分流出，再以碘伏消毒伤口，必要时可用创可贴处理，严重时需前往卫生防疫部门注射相关疫苗。

2. 切割伤：用生理盐水冲洗伤口，再以碘伏消毒伤口，必要时前往医院就诊。

3. 液体误入眼内：先用大量清水洗眼，再用生理盐水洗眼，必要时前往医院就诊。

（王冰梅　王　微）

第 2 章　生物机能实验系统及其使用

第 1 部分　BL-420 生物机能实验系统

第 1 节　外置式 BL-420 生物机能实验硬件系统

BL-420 生物机能实验系统的硬件为外置式的生物机能实验系统（原理见图 2-1），其前面板（图 2-2、图 2-3）的 CH1、CH2、CH3、CH4 均为 5 芯生物信号输入接口，与软件上通道 1、2、3、4 相对应。4 个通道输入接口可以直接连接引导电极，用以输入信号，也可以连接张力或压力传感器，用来输入张力或压力信号。这 4 个通道的性能指标完全一样，可以互换使用，也可以同时使用。中间最上方为发光二极管的电源指示灯。左下方为全导联心电输入插口（ECG），用于输入全导联心电信号。DROP 为 2 芯记滴输入接口。右下方为 2 芯刺激输出接口（方波信号）。

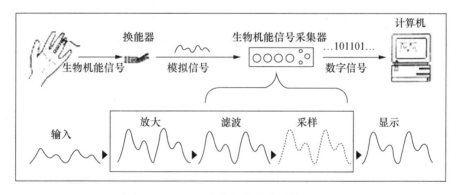

图 2-1　BL-420 生物机能实验系统原理图

图 2-2　BL-420 生物机能
实验硬件系统整体观

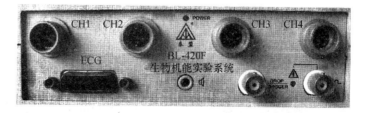

图 2-3　BL-420 生物机能实验硬件系统前面板

BL-420 生物机能实验系统的后面板左上角有电源开关、其下方是一个 12V 直流电源的输入接口、一个金属接地柱、一个 USB 接口，通过 USB 接口线直接与计算机上的一个 USB 接口相连（图 2-4）。

图 2-4　BL-420 生物机能实验硬件系统后面板

　　BL-420 生物机能实验系统硬件是一台程序可控制的，带有 4 通道生物信号采集与放大功能，并集成高精度、高可靠性以及宽适应范围的程控刺激器于一体的设备。结合软件分析系统，可同时 4 通道显示从生物体内或离体器官中探测到的生物信号或张力、压力等生物非电信号波形，并可对实验数据进行存储、分析及打印。

（王　权）

第 2 节　TM-WAVE 软件系统及操作

一、TM-WAVE 生物信号采集与分析软件的主界面

　　双击计算机桌面 BL-420 图标，呈现如图 2-5 所示的 TM-WAVE 的主界面。

图 2-5　TM-WAVE 主界面

　　主界面上各部分功能见图 2-6 和表 2-1。软件可以同时进行 1～4 个通道不同信号的采样，如图 2-6 是双通道同时进行采样。

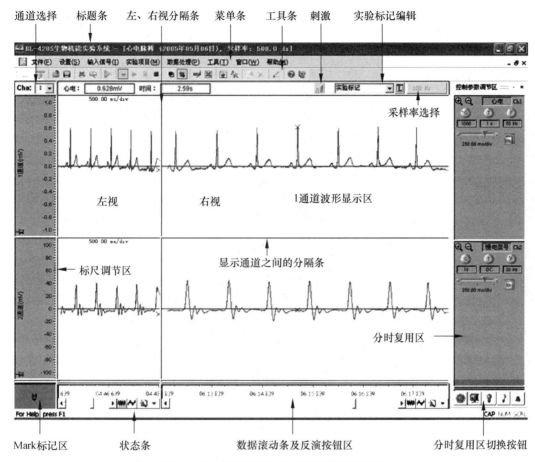

图 2-6 TM-WAVE 双通道显示波形的主界面

表 2-1 TM-WAVE 软件主界面上各部分功能一览表

名 称	功 能
标题条	TM-WAVE 软件名称及实验内容
菜单条	9 个顶级菜单项,单击某一个菜单项可以弹出其子菜单。最底层菜单代表一条命令。自左至右分别是:文件、设置、输入信号、实验项目、数据处理、工具、网络、窗口及帮助
工具条	共有 22 个最常用的工具条命令,使常用命令变得方便与直观
左、右视分隔条	用于分隔左、右视,也是调节左、右视大小的调节器
特殊实验标记编辑	用于编辑特殊实验标记。先选择特殊实验标记,然后将选择的特殊实验标记添加到波形曲线旁边。包括特殊标记选择列表和打开特殊标记编辑对话框按钮
标尺调节区	选择标尺单位及调节标尺基线位置
波形显示窗口	显示生物信号的原始波形或数据处理后的波形,每一个显示窗口对应一个实验采样通道
显示通道之间的分隔条	用于分隔不同的生物信号显示通道,也是调节波形显示通道高度的调节器
分时复用区	包括硬件参数调节区、显示参数调节区、通用信息区、专用信息区和刺激参数调节区,占据屏幕右边相同的区域
Mark 标记区	用于存放 Mark 标记和选择 Mark 标记,在光标测量时使用
时间显示窗口	显示记录数据的时间,在数据记录和反演时显示
数据滚动条及反演按钮	用于实时实验和反演时快速数据查找和定位。可以同时调节 4 个通道的扫描速度
切换按钮	用于在 5 个分时复用区中进行切换
状态条	显示当前系统命令的执行状态或一些提示信息

（一）菜单条

菜单条共 9 个顶级菜单项，从左到右分别为："文件""编辑""设置""输入信号""实验项目""数据处理""工具""窗口"和"帮助"。

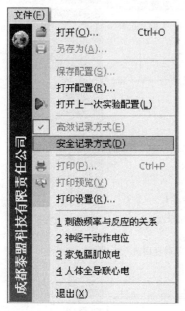

图 2-7　文件菜单

1. 文件　用鼠标单击顶级菜单条中的"文件"选项时，将弹出"文件"下拉菜单（图 2-7），包含"打开""另存为""删除文件""退出"等操作选项。

2. 设置　单击"设置"菜单项时，可弹出下拉菜单，包括"工具条""状态栏""实验标题""实验人员""实验相关数据""记滴时间""光标类型"和"定标"等 17 个菜单选项，其中"工具条""显示方式""显示方向"和"定标"等还有二级子菜单。

（1）工具条：此选项有 3 个子菜单命令："标准工具条""分时复用区"和"定制"。"标准工具条"用于打开和关闭标准工具条。"分时复用区"用于打开和关闭主界面右边的分时复用区窗口。"定制"用于定制菜单项或工具条。

（2）状态栏：用于打开或关闭 TM-WAVE 软件窗口底部显示信息的状态栏。

（3）记滴时间：选择此命令，将弹出"记滴时间选择"对话框。用于选择统计记滴单位时间。比如，如果选择了"影响尿生成的因素"实验模块，不仅能实时地统计尿滴的总数，也能统计单位时间的尿滴数。此外，在对话框中，不仅可以选择记滴单位时间，也可以选择记滴单位，包括"点"、mL 和 μL，便于对尿液的定量分析。3 种单位之间可以相互转换，通常情况下，1mL＝20 点。

（4）显示方式：选择此命令，将弹出一个显示 3 种方式的子菜单，即："连续扫描方式""示波器方式"和"扫描显示方式"。"连续扫描方式"是指波形从左到右或从右到左连续移动，是默认的显示方式。"示波器方式"是指波形从左到右移动，波形移动到屏幕的右边界后整屏波形消失，新的波形又从左边出现向右移动。"扫描显示方式"是指以心电监护仪的方式进行波形显示，此方式整个波形并不移动，每次只刷新需要改变的一部分波形，可以减少波形移动带来的显示抖动感，但实验中较少应用。

（5）显示方向：其子菜单中包含"从左向右"和"从右向左"两个命令。

（6）定标：其子菜单中包含"调零"和"定标"两个命令。

1）定标的操作步骤：从"定标"子菜单中选择"定标"命令，输入密码，可进入定标程序，弹出"定标"对话框。比如，要对张力信号进行定标处理，则将"信号选择"参数选为张力信号。①首先对 1 通道进行定标，将"定标类型"参数设定为"定零值"，然后将张力传感器插入到 1 通道上，并使其处于不加任何负载状态，通过观察 1 通道出现的波形，调节张力传感器的零点，使其输入信号处于离 1 通道基线最近的位置。当输入信号稳定后，用鼠标左键单击定标对话框中右下方的"定标"按钮完成定零值。②将定标类型参数设定为"定标准信号"，然后在张力传感器上挂一个砝码，砝码的大小可以在 1～20g 的范围内任意选择，如果选择 10g 重的砝码，然后在"定标值输入"编辑框中输入在张力传感器上吊挂的砝码重量 10，观察 1 通道波形显示的位置，不能使其饱和，如果输入信号饱和，可以通过减小 1 通道的增益或减小传感器上吊挂砝码的重量等方法来使传感器的输入处于非饱和状态。当输入信号稳定后，用鼠标按下"定标"对话框右下方的"定标"按钮，完成 1 通道张力信号的定标。③将通道选择参数设定为 2 通道，定标类型参数设定为"定零值"，然后将同一张力传感器插入到 2 通道的信号输入接口上。此时需注意，无论 2 通道的输入信号曲线是否在基线上，均不可再调节张力传感器的零点，否则，1 通道的定标值将不准确。重复步骤②、③，完成 2 通道的定标操作。④使用与 2 通道定标同样的方法为 3 通道和 4 通道定标。⑤如果需要为其他传感器信号定标，如压力信号等，其方法与张力信号定标的方法完全一样，只是需要将"信号选择"参数改为压力等其他信号的名称，同时连接不同的传感器即可。⑥定标完成后，如果按"确定"按钮，定标结果将被存储到 tm-wave. cfg 配置文件中；如果按"取消"按钮，本次定标无效。

2）调零的操作步骤：①先从"定标"子菜单中选择"调零"命令，此时会弹出一个提示对话框。②在提示对话框中按"确定"按钮，会弹出一个"放大器调零"对话框，同时，系统打开所有硬件通道并自动启动数据采样和波形显示，此时就可以通过"放大器调零"对话框进行调零处理。例如，首先选择 1 通道进行调零处理，如果 1 通道的波形显示在基线下方，就按"增挡"，直到波形曲线被抬高到离基线最近的位置为止。以此类推，可以对 2～4 通道进行调零处理。当每个通道均调零完成后，按"确定"按钮存储调零结果并且结束本次调零操作。"放大器调零"对话框中的"清除"按钮用于清除上一次调零的结果，"取消"按钮用于结束本次调零操作，但不存储本次调零结果。

3．输入信号　假如进行的实验没有包含在"实验项目"的子菜单中，则应用"输入信号"项目来进行数据的采样和分析。鼠标单击顶级菜单条中的"输入信号"选项时，将弹出"输入信号"下拉菜单。信号输入菜单中包括有 1 通道、2 通道、3 通道、4 通道 4 个菜单项，每一个菜单项有供选择输入信号的子菜单。

以 1 通道为例，当选择"1 通道"菜单项时，会向右弹出一个子菜单（图 2-8），用于指定 1 通道的输入信号类型，包括动作电位、神经放电、肌电、脑电、心电、慢速电信号、压力、张力、呼吸以及温度。选定了 1 通道的输入信号类型后，可以再通过"输入信号"菜单继续选择其他通道的输入信号。选定所有通道的输入信号类型之后，使用鼠标单击工具条上的"开始"命令按钮，启动数据采样，观察生物信号的波形变化。

采用具体指定各通道输入信号的方法，可以方便地进行多种信号的同时描记和综合分析。同时，也可以用这个方法替代"实验项目"中的模块。

比如，从 1 通道选择的输入信号为"神经放电"，2 通道选择的输入信号为"压力"，然后启动波形显示，就可以代替实验项目中的"减压神经放电"实验模块，在 1 通道上观察减压神经放电，2 通道上观察动脉血压。

4．实验项目　鼠标单击顶级菜单条中的"实验项目"选项，弹出"实验项目"下拉菜单，其中包含有 8 个菜单项，分别是肌肉神经实验、循环实验、呼吸实验、消化实验、感觉器官实验、中枢神经实验、泌尿实验以及其他实验。

这些实验项目组包含按性质归类的若干个具体的实验模块，当选定某一类实验，如肌肉神经实验时，则会向右弹出一个包含该类具体实验模块的子菜单。从中选择一个实验模块，系统将自动设置该实验所需的各项参数，包括信号采集通道、采样率、增益、时间常数、滤波以及刺激器参数等，并且将自动启动数据采样，进入到实验状态（图 2-9）。

5．数据处理　单击顶级菜单条上的"数据处理"菜单项，"数据处理"下拉式菜单将被弹出。数据处理菜单中包括微分，积分，频率直方图，序列密度直方图，非序列密度直方图，频谱分析，计算直线回归方程，计算 PA_2、PD_2、PD_2'，计算药效参数 LD_{50}、ED_{50}，计算半衰期，两点测量，区间测量，细胞放电数测量，心肌细胞动作电位测量等 14 个命令。

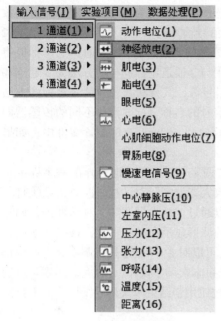

图 2-8 信号输入下拉菜单

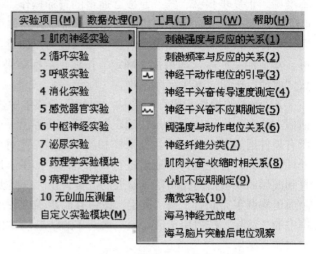

图 2-9 实验项目下拉菜单

（二）工具条

TM-WAVE 软件系统共 24 个工具条命令。从左向右分别代表：系统复位、拾取零值、打开、另存为、打印、打印预览、打开上一次实验设置、数据记录、开始、暂停、停止等命令。

1. 系统复位 对实验系统的所有硬件及软件参数进行复位，即将这些参数设置为默认值。

2. 开始 选择此命令，将启动数据采集，并将采集到的实验数据显示。如果数据采集处于暂停状态，选择此命令，将继续启动波形显示。

3. 暂停 选择此命令后，将暂停数据采集与波形动态显示。

4. 停止实验 选择此命令，将结束当前实验，同时发出"系统参数复位"命令，使整个系统处于开机时的默认状态。

5. 区间测量 用于测量任意通道波形中选择波形段的时间差、频率、最大值、最小值、平均值、峰峰值、面积、最大上升速度（dp/dt_{max}）及最大下降速度（dp/dt_{min}）等参数，测量的结果显示在通用信息显示区中。具体操作步骤如下：①先暂停实验观察，波形扫描将暂停。②选择工具条上的区间测量命令，将鼠标移动到任意通道中需要进行区间测量的波形段的起点位置，单击鼠标左键进行确定，此时将出现一条垂直直线，代表所选择的区间测量起点。③当移动鼠标时，另一条垂直直线出现并随着鼠标的左右移动而移动，用来确定区间测量的终点。当直线移动时，在通道显示窗口的右上角会动态地显示两条垂直直线的时间差，单击鼠标左键确定终点。④此时，在两条垂直直线区间内，将出现一条水平直线，该直线用来确定频率计数的基线，该水平基线将随着鼠标的上下移动而移动，而且该水平直线所在位置的值将显示在通道的右上角，按下鼠标左键确定该基线的位置，完成本次区间测量。⑤重复上面的步骤②③④，对不同通道内的不同波形段进行区间测量。⑥在任何通道中按下鼠标右键，都将结束本次区间测量。

6. 数据剪辑与图形剪辑

（1）数据剪辑：数据剪辑是指实验结束后将选择的一段或多段反演实验波形的原始采样数据按 BL-420 的数据格式提取出来，并存入到操作者指定名字的 BL-420 格式文件中。

数据剪辑的具体操作步骤如下：①在整个反演数据中查找需要剪辑的实验波形；②在需要剪辑的实验波形左上角按下鼠标左键不放，向右下方拖动鼠标以进行区域选择，当选择好区域后松开鼠标左键即完成区域选择操作；③按下工具条上的数据剪辑命令按钮，或者在选择的区域上单击鼠标右键弹出快捷菜单并且选择数据剪辑功能，就完成了一段波形的数据剪辑；④重复以上3步对不同波形段进行数据剪辑；⑤在停止反演时，一个以"cut. tme"命名的数据剪辑文件将自动生成，操作者可以为这个数据剪辑文件更改文件名。以后，可以使用与打开反演数据文件同样的方法打开这个数据剪辑文件，然后进行反演，也可以对这个剪辑后的数据文件再一次进行数据剪辑。数据剪辑的文件存储在 \ data \ 子目录下，其文件扩展名为 tme。

（2）图形剪辑：图形剪辑指从通道显示窗口中选择的一段波形连同从这段波形中测出的数据一起以图形的方式发送到 Windows 操作系统的一个公共数据区内，以后可以将这块图形粘贴到 BL-420 软件的剪辑窗口中或任何可以显示图形的 Windows 应用软件如 Word、Excel 或画图中，方法是选择这些软件"编辑"菜单中的"粘贴"命令即可。

图形剪辑可以实现和 word 文字处理软件等不同软件之间的数据共享，另外，还可以对感兴趣的多幅波形进行图形剪辑，形成一张拼接图形（可以在生物机能实验系统软件的剪辑窗口中或 Windows 软件的画图软件中完成图形的拼接工作），然后打印。具体操作步骤如下：

① 在实时实验过程或数据反演中，按下"暂停"按钮使实验处于暂停状态，此时，工具条上的图形剪辑按钮处于激活状态，按下该按钮将使系统处于图形剪辑状态；

② 对感兴趣的一段波形进行区域选择，可以只选择一个通道的图形或同时选择多个通道的图形；

③ 当进行了区域选择以后，图形剪辑窗口出现，选择的图形将自动粘贴到图形剪辑窗口中，图形剪辑窗口的具体使用方法详见下述；

④ 选择图形剪辑窗口右边工具条上的退出按钮退出图形剪辑窗口；

⑤ 重复步骤①②③④，剪辑其他波形段的图形，然后拼接成一幅整体图形，此时可以打印或存盘，也可把这张整体图形复制到其他应用程序，如 Word、Excel 中。

（3）图形剪辑窗口。进入图形剪辑窗口的方法有两个：一是执行图形剪辑操作后自动进入；二是选择工具条上的"进入图形剪辑窗口"命令按钮或选择"窗口"菜单上的"图形剪辑窗口"命令。选择图形剪辑工具条上的退出命令按钮则退出图形剪辑窗口。

图形剪辑窗口分为图形剪辑页和图形剪辑工具条两部分（图 2-10）。前者在图形剪辑窗口的左边，占图形剪辑窗口的大部分空间，用于拼接和修改从原始数据通道剪辑的波形图。刚进入图形剪辑窗口时，图形剪辑工具条上的大部分命令按钮处于不可用的灰色，只有在图形剪辑页的任意位置单击鼠标左键，选择了图形剪辑页后，图形剪辑工具条上的命令按钮才可以使用。

下面将对 12 个剪辑命令按钮分别说明：

■该命令按钮代表打开存储的图形文件命令。这个命令与通用工具条上的打开文件命令类似，但其打开的文件类型不同。选择该命令，将弹出"打开"对话框（图 2-11）。该对话框只显示以 bmp 为后缀名的文件。

■该工具条按钮代表另存为命令。它与"文件"菜单中的"另存为"命令相似，但是在图形剪辑窗口中选择这个命令，将把图形剪辑页中的当前图形存储到文件中保存，以后可以在图形剪辑页中重新打开这个文件，或者在 Windows 其他应用软件中打开或插入这个图形。当选择这个命令后，将弹出"另存为"对话框，可以为将要存储的图形并命名，默认的文件名是"Temp. bmp"；为减小文件，可将文件格式存储为". JPEG"格式。

■该工具条按钮代表打印当前剪辑页命令。它与"文件"菜单中的"打印"命令功能相似。选择这个命令，将打印当前剪辑页中的图形。

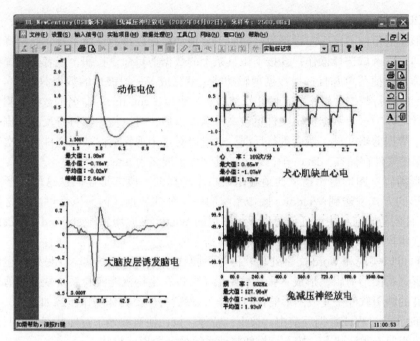

图 2-10　图形剪辑窗口

图 2-11　打开 bmp 图形对话框

　　该工具条按钮代表打印预览命令。它与"文件"菜单中的"打印预览"命令功能相似，用于显示图形剪辑页中图形的打印预览波形。

　　该工具条按钮代表复制选择图形命令。在没有选择图形剪辑页上任何一块图形区域的情况下，该功能不可使用，当使用图形剪辑工具条上的"选择并移动"命令从图形剪辑页上选择了一块图形区域，该命令被激活。该命令将操作者选择的一块图形区域复制到 Windows 公共数据存储区——剪辑板中，一旦复制了所选择的区域，那么可以在图形剪辑页中使用"粘贴"功能将复制的图形再一次放入到图形剪辑页中，也可以在任何的 Windows 应用程序，如 Word、Excel 中选择粘贴命令，将选择的图形插入到这些应用程序中以实现 Windows 中数据共享的强大功能。

　　该工具条按钮代表粘贴命令。当从通用工具条上选择了图形剪辑命令，在通道显示窗口中选择一段波形之后，该段波形将被自动复制到 Windows 的剪辑板中，BL-420 软件将自动进入到其图形剪辑窗口中，并立即自动执行"粘贴"命令，将选择的图形连同数据一起显示在图形剪辑窗口的左上角。

　　▣该工具条按钮代表撤销上一条操作功能命令。

　　▣该工具条按钮代表刷新整个剪辑页。选择这个命令将清空整个剪辑页，即将剪辑页上所有的图形全部擦掉，只留下一张空白的剪辑页。

　　▣该工具条按钮代表"选择并移动"命令。可以使用这个命令在图形剪辑页上选择一块区域，然后复制它或者将其移动到图形剪辑页的其他位置。选择区域的方法如下：

　　当选择这个命令后，在剪辑页中移动的鼠标将变为一个中空的十字，首先移动鼠标到需要选择区域的左上角，然后按下鼠标左键不放，移动鼠标选择区域的右下角，此时，有一个虚线方框随着鼠标的移动而移动，虚线方框代表选择的区域（图 2-12）。当选择好区域以后松开鼠标左键即完成了图形剪辑页的区域选择。此时，图形剪辑条上的"复制"功能变得可用。如果将鼠标移动到这块剪辑区域上，鼠标将变为一只手的形状，表明可以移动这块选择的区域。在剪辑页中，刚粘贴的或刚选择的区域都是可以移动的区域。

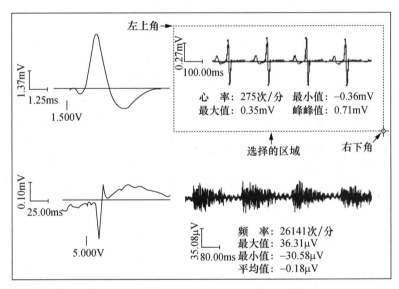

图 2-12　在图形剪辑页上选择一个区域

　　▣该工具条按钮代表擦除选择区域命令。选择该命令后，在剪辑页中移动的鼠标将变为一个中空的十字，使用与"选择并移动"命令相同的方法选择需要擦除的区域，松开鼠标左键将擦除选择的区域。

　　▣该工具条按钮代表在剪辑页上写字命令。选择该命令可以在图形剪辑页上写字，比如为了给某一个图形加注释。选择该命令后，在剪辑页中移动的鼠标将变为一个中空的十字，使用与"选择并移动"命令相同的方法选择写字区域，松开鼠标左键将出现一个矩形的写字区域，有一个文本光标在写字区域内闪烁，指定写字的位置（图 2-13）。操作者只需在选定的写字区域内书写注释，书写完注释后，在剪辑页上写字区域以外的任何地方单击鼠标左键，将完成本次写字操作，写字区域消失。

　　▣该工具条按钮代表退出图形剪辑页命令。选择该命令将从图形剪辑页中退出，并显示正常的通道显示窗口。选择这个命令是唯一退出图形剪辑页的方法。

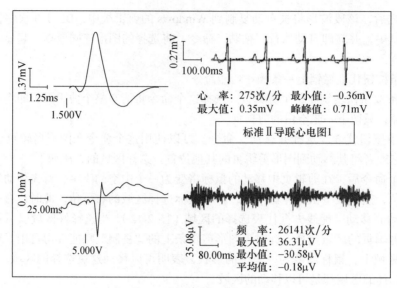

图 2-13　在图形剪辑页上输入文字

（三）波形显示窗口

波形显示窗口是软件主界面中最重要的组成部分，可以同时观察到 4 个通道的生物信号波形。可以根据需要在屏幕上显示 1~4 个波形显示窗口，也可以通过波形显示窗口之间的分隔条调节各个波形显示窗口的高度。在某个通道显示窗口上双击鼠标左键，可将该窗口变为最大化，或者将其恢复到原始大小。当在某个信号窗口上单击鼠标右键时，软件将会完成两项功能：①结束所有正在进行的选择功能和测量功能；②弹出一个快捷功能菜单，其中包含 16 个命令，大部分与通道相关。

部分主要功能简述如下：①自动回零：此功能可以使由于输入饱和而偏离基线的信号迅速回到基线上。②基线显示开关：显示或关闭标尺基线（参考零刻度线）。③原始波形开关：此命令只在刺激触发方式下有效，用于显示或关闭原始波形。在刺激触发方式下，如果想在波形显示通道上显示叠加或叠加平均波形，就可以通过此命令关闭原始波形。④叠加波形：此命令在刺激触发方式下有效，用于打开或关闭叠加波形曲线。⑤比较显示：用于打开或关闭比较显示方式。打开比较显示，可将所有通道的波形一起显示在 1 通道的波形显示窗口中进行比较。⑥平滑滤波：用于对选择通道的显示波形进行平滑滤波。⑦添加 M 标记：用于在波形的指定位置添加一个 M 标记。选择此命令，然后将鼠标移到所要添加 M 标记的位置，单击鼠标左键即可。⑧添加特殊标记：用于在波形的指定位置，添加一个特殊实验标记。当在某一个实验通道的空白处（这里所指的空白处是指与其他特殊实验标记相隔一定距离的地方）单击鼠标右键，选择此命令，在弹出"特殊标记编辑"对话框中输入新添加的特殊实验标记内容，然后按"确定"按钮，该特殊实验标记将添加在单击鼠标右键的地方。⑨编辑特殊标记：用于编辑记录波形中一个已标记的特殊实验标记。当在一个实验通道中，某一个已标记的特殊实验标记上单击鼠标右键，选择此命令，在弹出"特殊标记编辑"对话框中修改原有的特殊实验标记内容。⑩删除实验标记：用于删除记录波形中一个已标记的特殊实验标记。当在一个实验通道中某一个已显示的特殊实验标记上单击鼠标右键，选择此命令，在弹出删除特殊实验标记确认框按"是"（Y）按钮，该特殊标记已被删除；按"否"（N）按钮，则删除无效。

（四）数据滚动条和反演按钮区

滚动条和反演按钮区位于通道显示窗口的下方。在左、右视中各有一个滚动条和数据反演功能按钮区，功能基本相同。

1. 数据选择滚动条　拖动滚动条可以观察时间数据中不同的时间段和波形。此功能用于反演时对数据的快速查找和定位，也适用于实时实验中，已移出窗口外的波形重新拖回到窗口中进行观察、对比（适用于左视的滚动条）。

2. 反演按钮　数据反演按钮包括 3 个：波形横向（时间轴）压缩、波形横向扩展和数据查找菜单按钮，平时处于灰色的非激活状态，数据反演时被激活。波形横向压缩是针对所有通道实验波形的压缩，在波形被压缩的情况下，可以观察波形的整体变化规律。波形横向扩展是针对所有通道实验波形的扩展，在波形扩展的情况下可以观察波形的细节。反演数据查找菜单按钮是一个包含若干个相关命令的选择菜单，在该按钮的右边有一个下拉箭头，指示此按钮可以进行展开。当单击按钮时，在按钮上方弹出一个数据查找菜单。

（五）状态条

状态条用于显示提示信息、键盘状态以及系统时间。

（六）顶部窗口

顶部窗口位于工具条的下方和波形显示窗口的上面，从左到右分别为：当前选择通道的光标测量数据显示、启动刺激按钮、实验标记、编辑区以及采样率选择按钮。

1. 启动刺激按钮　用于打开和关闭刺激器，只在实时实验的状态下可用。

2. 实验标记编辑区　包括实验标记编辑组合框和打开实验标记编辑对话框两个项目。打开实验标记编辑对话框按钮，弹出"实验标记编辑"对话框，可在其中对实验标记进行预编辑，包括增加新的实验标记组，增加或修改新的实验标记。在实验标记编辑组合框中，选择一个特殊实验标记，或者直接输入一个新的实验标记，并按 Enter 键，然后在需要添加特殊实验标记的波形位置单击鼠标左键，即可完成实验标记的添加。

（七）标尺调节区

标尺调节区位于显示通道的最左边，每一个通道均有一个标尺调节区，用于调节标尺零点的位置以及选择标尺单位等功能。将鼠标光标移动到标尺单位显示区然后按下鼠标右键，将会弹出一个信号单位选择快捷菜单，标尺会随着鼠标的移动而上下移动，可调节标尺零点的位置。

（八）分时复用区

主界面的最右边是分时复用区（图 2-14），包含有 5 个不同的分时复用区域：控制参数调节区、显示参数调节区、通用信息显示区、专用信息显示区和刺激参数调节区；它们分别通过分时复用区顶部的切换按钮进行切换。

1. 控制参数调节区　控制参数调节区是用来设置 BL-420 硬卡参数以及调节扫描速度的区域，对应于每一个通道有一个控制参数调节区，用来调节该通道的控制参数。控制参数调节区的各部分简介如下：①软件放大和缩小按钮：可以实现信号波形的软件放大和缩小。②通道信息显示区：显示通道选择信号的类型，如心电、压力、张力、微分等。③"G"为增益调节按钮：可以调节通道信号的放大倍数。调节方法：在此按钮上单击鼠标左键或右键即可调节。④"T"为时间常数调节按钮：用于调节时间常数（高通滤波）的挡位，功能为抑制低频干扰信号。调节方法参见③。⑤"F"为滤波调节按钮：用于调节低频滤波，抑制高频干扰信号。调节方法参见③。注意：当旋钮的挡位指示点为红色，表示它们可以调节，而蓝色时，表示不可以调节。在数据反演时，只有增益调节旋钮可用，而时间常数和滤波调节旋钮则不可使用。⑥扫描速度调节器的调

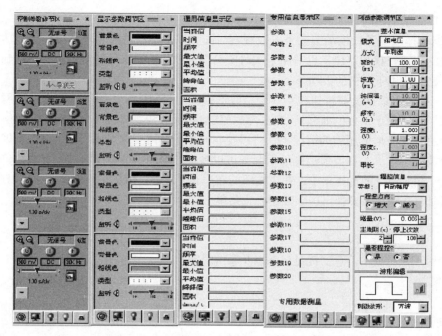

图 2-14　分时复用区

整方法有二，一是鼠标指在扫描速度调节器的绿色向下三角形上，按住鼠标左键向左右拖动；二是绿色三角形的右边单击鼠标左键，扫描速度将增大 1 挡；在三角形左边单击鼠标左键，速度将减小 1 挡。⑦ 50Hz 滤波按钮：在其上单击鼠标左键，显示按钮为按下状态，即已启动 50Hz 抑制功能；再次单击，显示按钮为弹起状态，则关闭了该功能。50Hz 信号是交流电源中最常见的干扰信号，如果 50Hz 干扰过大，会造成有效的生物机能信号被 50Hz 干扰淹没，无法观察到正常的生物信号。此时需要使用 50Hz 滤波来削弱电源带来的 50Hz 干扰信号。

2. 显示参数调节区　显示参数调节区用来调节每个显示通道的显示参数以及硬卡中该通道的监听器音量，从上到下分为 5 个区域，分别是：前景色选择区、背景色选择区、标尺格线色选择区、标尺格线类型选择区和监听音量调节区，其中监听音量调节区包括监听音量调节选择按钮和监听音量调节器两部分。

3. 通用信息显示区　通用信息显示区用来显示每个通道的数据测量结果。每个通道的通用信息显示区显示的测量类型是相同的，测量的参数包括：当前值、时间、心率、最大值、最小值、平均值、峰峰值、面积、最大上升速度（dp/dt_{max}）和最大下降速度（dp/dt_{min}）。在实时地进行生物机能实验的过程中，每隔 2s，系统要对每个采样通道的当前屏数据做一次测量，并将结果及时地显示在通用信息显示区中。

4. 专用信息显示区　用来显示某些实验模块专用的数据测量结果，如血流动力学实验模块、心肌细胞动作电位实验模块等。

5. 刺激参数调节区　刺激参数区由上至下分为 3 个部分：基本信息、程控信息、波形编辑。

基本信息是关于刺激的基本参数，对于每一个参数，都采用粗细两级的调节方法。①模式：刺激器模式有 4 种选择，粗电压、细电压、粗电流及细电流。②方式：有 5 种选择，单刺激、双刺激、串刺激、连续单刺激和连续双刺激。③延时：调节刺激器第一个刺激脉冲出现的延时，单位为毫秒（ms），其范围从 0～6s 可调。④波宽：调节刺激器脉冲的波宽，单位为毫秒（ms），其范围从 0～2s 可调。⑤波间隔：为调节刺激器脉冲之间的时间间隔，单位为毫秒（ms），其范围从 0～6s 可调。⑥频率：调节刺激频率，单位为赫兹（Hz），其范围从 0～2000 Hz 可调。⑦强度 1：调节刺激器脉冲的电压幅度，单位为伏（V），其范围从 0～100V 可调。⑧强度 2：当刺激类型为双脉冲时，用来调节双脉冲中第二个脉冲的幅度，强度 2 的电压幅度或电流强度的范围和调节方式与强度 1 完全相同。⑨串长：用来调节串刺激的脉冲个数，单位为个，其有效范围为 0～250 个。

程控信息包括：程控方式、程控刺激方向、增量、主周期、停止次数和程控刺激选择六个部分。①程控方式：包括自动幅度、自动间隔、自动波宽、自动频率和连续串刺激 5 种程控刺激方式。②程控刺激方向：包括增大、减小两个选择按钮，控制着程控刺激器参数增大或减小的方向。当参数增大到最大或减小到最小时，形同自动将其设定为初始值。③增量：程控刺激器在程控方式下每次发出刺激后程控参数的增量或减量。④主周期：程控刺激器的主周期是指程控刺激两次之间的时间间隔，单位为秒（s）。⑤停止次数：指停止程控刺激的次数，在程控刺激方式下，每发出一个刺激将计数一次，所发出的刺激数达到停止次数后，将自动定制程控刺激。⑥程控刺激选择：包括"程控"和"非程控"两个按钮，如果选择"程控"，将自动打开刺激器进行刺激。也可选择"非程控"按钮随时停止程控刺激器。

（九）Mark 标记区

Mark 标记区位于标尺调节区的下面。Mark 标记是用于加强光标测量的一个标记，其单独存在没有意义，只有与测量光标配合使用时才能完成简单的两点测量功能。如果测量光标与 Mark 的时间差值（测量的结果前加一个Δ标记，表示显示的一个数值是一个差值）。测量结果显示在顶部窗口的当前值和时间栏中。

在通道显示窗口的波形曲线上添加 Mark 标记的方法有两种：①利用通道显示窗口快捷菜单中的"添加 M 标记命令"。②使用鼠标在 Mark 标记区中选择，然后拖放到指定波形曲线上。首先，将鼠标移动到 Mark 标记区，按下鼠标左键，光标由箭头变为箭头上方加一个 M 字母形状。然后，在按住左键不放的情况下，拖动 Mark 标记，将 Mark 标记拖放到任何一个有波形显示的通道显示窗口中的波形测量点上方，松开左键，此时，M 字母将自动落到对应于这点 x 坐标轴的波形曲线上。Mark 标记定位后，还可随时移动它的位置，或用鼠标拖动到 Mark 标记区而消除它。

（十）左、右视分隔条

左、右视分隔条位于波形显示窗口的最左边。把鼠标移至左、右视分隔条上，按鼠标左键并将其往右拖动即可把波形显示窗口拆分为左、右两个窗口。在实时实验过程中，右视可以观察即时出现的波形，左视观察过去时间记录的波形。在数据反演时，可利用左、右视比较不同时段或不同实验条件下的波形。

（十一）特殊实验标记的使用、编辑

在实验过程中，需要在实验波形有所变化的部分，比如加药前后添加一个实验标记，以明确实验过程中的变化，同时也为反演数据的查找留下依据。在 BL-420 软件中，有两种类型的实验标记供选择，分别是通用实验标记和特殊实验标记。

通用实验标记对所有的实验效果相同，其形式为在通道显示窗口的顶部显示一向下箭头，箭头的前面有一个顺序标记的数字，比如 1、2、3 等，箭头的后方则显示添加标记的绝对时间。添加通用实验标记的操作非常简单，只需按下工具条上的"通用实验标记"命令按钮即可。

特殊实验标记选择区位于 BL-420 软件主界面的右上角，其中包含一个特殊实验标记选择列表和一个打开特殊实验标记编辑框按钮（图 2-15）。

特殊实验标记实际上是对波形点的文字说明，在实验过程中，从"实验标记项"列表框选择一个特殊标记，然后在需要添加特殊标记的波形旁边单击一下鼠标左键即可在指定的位置添加上

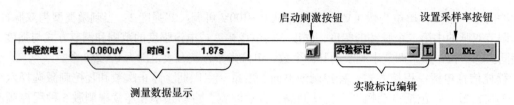

图 2-15   特殊实验标记选择区

选择的特殊实验标记。添加特殊实验标记时需要注意：当添加了一个特殊实验标记后，如果再想添加另一个特殊实验标记或者重复添加刚才使用过的特殊实验标记，则需要在"实验标记项"列表框中再做一次选择。

另外，对于特殊实验标记，除了可以在实时实验的过程中进行添加以外，当实验结束后还可以在数据反演回放时进行添加、编辑或删除。当反演波形时可以在一个需要添加标记的波形旁边单击鼠标右键弹出"特殊标记编辑"对话框，在这个对话框的编辑框中输入新添加的特殊实验标记内容；或对一个已有的特殊实验标记单击鼠标右键，弹出"特殊标记编辑"对话框进行修改；或对一个已有的特殊实验标记单击鼠标右键，弹出"删除特殊标记"进行删除。

二、BL-420的操作

1. 启动软件   在计算机桌面双击 TM-WAVE 软件的启动图标，即可启动软件，出现如图 2-5 所示的程序界面。

2. 开启实验项目   在 TM-WAVE 软件系统中，有 4 种方法可以启动 BL-420 系统进行生物信号采样与现实。

第一种方法：单击菜单栏中"输入信号"，在下拉菜单中选择相应的通道和信号种类，然后在工具条中选择"启动波形显示"命令按钮。

第二种方法：单击菜单栏中"实验项目"，在下拉菜单中选择相应的实验项目。

第三种方法：选择工具条上的"打开上一次实验设置"按钮。

第四种方法：在"文件"菜单中选择"打开配置"命令启动波形采样。

3. 暂停观察   如果要自习观察正在显示的某段图形，鼠标单击工具条上的"暂停"图标按钮，此时该段图形将被冻结在屏幕上。如需继续观察扫描图形，鼠标单击"开始"图标即可。

4. 记录存盘   当启动实验时，软件会自动启动数据记录功能。在实验过程中，临时数据将存储在 data 目录下的 temp. tme 文件中，data 子目录专门用于存储实验数据。当实验结束后，软件会弹出一个存盘对话框，其默认的指定存盘位置为 data 子目录，也可以根据需要随意改变最后正式存盘文件所在的目录，以便于以后反演、分析和处理。

5. 退出软件   选择 TM-WAVE 软件"文件"菜单中的"退出"命令即可退出软件。

（张松江）

第2部分　PowerLab数据采集分析系统

第1节　PowerLab数据采集分析系统

PowerLab数据采集分析系统用于采集，储存和分析生物信号数据。如图2-16所示，原始输入信号为模拟电压，随着时间连续变化。硬件监测电压，可以对信号进行放大和滤波等信号调节。经过信号调节，PowerLab数据采集分析系统以固定间隔时间有规律地采集模拟电压值，进而把这些信号从模拟信号转化为数字信号输入计算机。

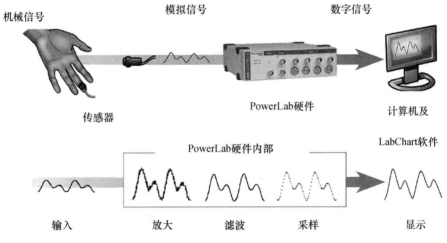

图2-16　PowerLab数据采集分析系统数据采集过程

LabChart软件用于记录，显示和分析数据。该软件将PowerLab数据采集分析系统采集到的数字化数据点描绘出来并连线，重建原始的波形。同时将这些数字化的数据存储于计算机中，用于浏览和日后分析。

（王　微）

第2节　PowerLab数据采集分析系统硬件简介

记录仪前面板见图2-17。

① 电源灯：打开电源开关后电源灯亮（蓝色）；

② 状态灯：未记录时呈黄绿色，记录中呈橙色闪烁。若显示为红色请立即关闭电源，与公司联系；

③ 触发灯：表明外触发状态，每次触发呈橙色闪烁一次；

④ 触发输入：使用外触发功能时，只有触发输入端口接收到一个符合要求的信号时，系统才开始数据记录；

⑤ 刺激输出：PowerLab提供两个独立的刺激输出端口，可以输出两个波形完全不同的电压刺激信号，输出波形可以是脉冲、递增、递增脉冲、双脉冲、正弦和三角等常用波形，也可以通

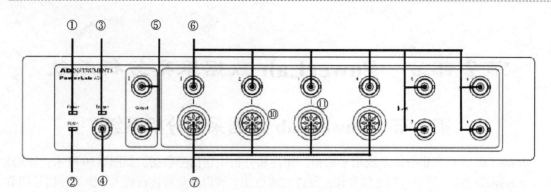

图 2-17　PowerLab 数据采集分析系统前面板

过组合或者函数自行设计各种不规则波形；

⑥ 单端输入（BNC）：每个输入通道提供一个 BNC 接口的单端输入，这种接口为国际标准接口，具有极高的兼容性；

⑦ 差分输入（DIN）：1～4 通道除单端输入外还提供差分输入接口，可以连接需要差分输入的 Pod 或者传感器。但具有两种接口的通道实际上只能同时使用一种接口，不能两者同时使用。

记录仪后面板见图 2-18。

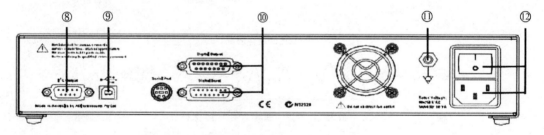

图 2-18　PowerLab 数据采集分析系统后面板

⑧ I^{2}C 数据接口：连接 ADInstruments 生产的各类放大器 / 仪器，给放大器 / 仪器提供电源或控制信号，以实现对放大器的软件程控功能；

⑨ USB 接口：高速 USB2.0 接口连接计算机；

⑩ 数字输入和数字输出：用于控制第三方设备；

⑪ 接地柱：接地端口，在记录生物电、神经等微小信号时建议将此接地柱连接到专用地线以降低噪声；

⑫ 电源接口及开关：90～250V 交流电源。

（王　微）

第 3 节　LabChart 软件使用简介

一、LabChart界面

1. Chart 视图（Chart View）（图 2-19）

① 主菜单栏及工具条：包含所有菜单及工具选项；

② 纵坐标即电压幅值调节按钮：有多个选项以调节纵坐标显示，如自动调节坐标比例，倒置

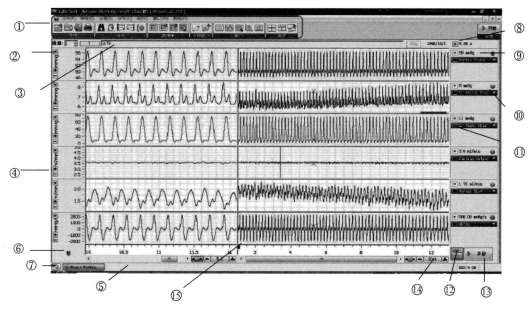

图 2-19 Chart 视图

坐标及数据，设置固定显示坐标，显示单极坐标、双极坐标等；

③注释栏：在记录数据的时候可以输入注释内容，以实时添加注释；

④纵坐标放大或者缩小按钮：单击一次可以对纵坐标比例放大或者压缩 1/2；

⑤状态栏：显示当前文件的文件名称；

⑥标识：可以放在任意数据点上，作为参考点，与鼠标相结合用于数据间的时间差或者幅值差测量，双击可使标识回到原位；

⑦欢迎中心：显示最近打开的数据，软件自带 Demo 数据，常用的设置文件等，默认情况下启动软件时自动出现；

⑧采样速率选择按钮：显示可选的采样速率或者时间；

⑨量程选择按钮：选择不同的量程；

⑩通道下拉菜单：单击可进行通道开/关，放大器软件程控，单位定标，通道计算等操作，单击右键可对通道进行重命名；

⑪颜色选择按钮：选择通道数据的显示颜色；

⑫保存按钮：控制数据是否保存，正常情况下数据边记录边缓存在记录仪内存中，如果在记录数据的时候只想显示数据并想不保存数据，可以单击该按钮；

⑬开始/停止按钮：开始/停止记录数据；

⑭坐标调节按钮：可以压缩或者扩展横坐标显示比例；

⑮分屏工具条：用于对比显示 Chart 视图中想对比数据前后的变化；

2. 欢迎中心（Welcome Center）（图 2-20）　欢迎中心的主要作用是帮助用户快速查找一些文件，比如最近打开过的文件（Rencent Files）、软件自带的 Demo 数据（Getting Started）、设置文件（My Settings）；或者用户自己创建的数据文件、设置文件、多媒体文件、文本文件、文档等。

二、信号记录

1. 准备工作

（1）连接记录仪的电源线。

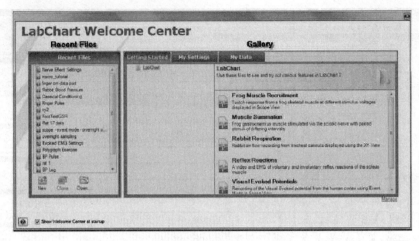

图 2-20　欢迎中心

（2）用 USB 连接线连接记录仪和装了 LabChart 软件的计算机。在计算机上初次使用记录仪时，要先把记录仪连接到计算机，并打开记录仪电源，然后再安装 LabChart 软件，以防止计算机找不到记录仪的驱动程序。

（3）如果使用的是 ADInstruments 生产的信号调节设备，用 I²C 线连接记录仪和信号调节设备（放大器、Pod 等）。

（4）用 BNC 连接线连接信号调节设备的信号输出端到记录仪的信号输入端。

（5）确认连接没有问题：打开记录仪电源开关，然后打开 LabChart 软件（记录模式要先开记录仪电源，再打开 Chart 软件）。软件运行后，各个信号调节设备的灯应亮起，同时在对应的软件记录通道中，软件将识别出所连接的放大器（通道下拉菜单第二行会显示对应放大器的类型），如果信号调节设备的灯不亮，而且对应软件通道的通道下拉菜单第二行依然显示的是 Input Amp，则需要确认 I²C 线，以及 BNC 线是否连接正确。

2. 设置软件参数　在软件中设置通道数量、采样频率、量程、通道名称、显示特性等内容。通过 Setup＞ Channel Settings 打开通道设置窗口（图 2-21）：

Channel Settings

	On	Channel Title	Sample Rate	Range	Input Settings	Units	Computed Input	Color	Style	Calculation
1	☑	Channel 1	1k /s	10 V	Input Amplifier...	V	Raw Data Input 1	■	—	No Calculation
2	☑	Channel 2	1k /s	10 V	Input Amplifier...	V	Raw Data Input 2	■	—	No Calculation
3	☑	Channel 3	1k /s	20 mV	Bio Amp...	mV	Raw Data Input 3	■	—	No Calculation
4	☑	Channel 4	1k /s	20 mV	Bio Amp...	mV	Raw Data Input 4	■	—	No Calculation
5	☐	Channel 5						■	—	No Calculation
6	☐	Channel 6						■	—	No Calculation
7	☐	Channel 7						■	—	No Calculation
8	☐	Channel 8						■	—	No Calculation
9										
10										
11										
12										
13										
14										
15										
16										
17										
18										

Number of channels: 8

○ Same sampling rate on all channels
○ Different sampling rate per channel

OK   Cancel

图 2-21　通道设置窗口

（1）选择通道数量：默认情况下，Chart 软件会打开与记录仪通道数相等的记录通道，比如 16 通道的记录仪，Chart 视图中会自动同时打开 16 个通道。有时候不需要太多的通道，可以在每一个不需要的通道前面的复选框中勾选，也可以在左下角的 Number of Channels 中直接输入需要的通道数量。如果需要在记录的时候关闭某个通道，则打开对应的通道下拉菜单，在第一行，单击 Turn Input Off，如果需要打开该通道，再次单击下 Turn Input On。

（2）选择通道采样频率：采样频率是指每秒钟采样的次数，单位为 Hz。记录仪最重要的功能是把模拟信号通过采样变为计算机能够识别的数字信号，软件中显示出来的信号曲线，实际上是采样点按照时间顺序及幅度排列组成的。LabChart 6 及以后的软件版本中允许不同的通道采用不同的采样频率，在 ChannelSettings 窗口中的下方选择是否允许不同的通道采样相同的采样频率，然后在每个通道中选择具体的采样频率。如果所有通道的采样频率一样，也可以在 Chart 视图中数据的右上方设置，如图 2-22 所示：

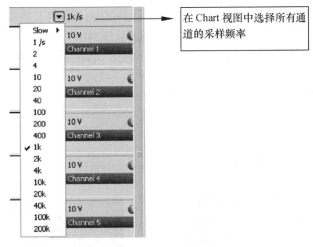

图 2-22　Chart 视图中采样频率设置窗口

常用信号采样频率的设置见表 2-2 频率单位为 Hz，即次 /s。

表 2-2　常用信号采样频率　　　　　　　　　　　　　　　　　　　　Hz

动物种类	心电 / 血压 / 血流 / 脉搏	呼　　吸	神经信号
人	1000	1000	4000～20000
大鼠	1000	1000	4000～20000
小鼠	2000	1000	4000～20000
犬	1000	1000	4000～20000

（3）选择通道的量程：记录仪的最大输出信号为 ±10V，但是不同类型的信号幅度是不一样的，需要根据信号类型设置量程，量程是信号最大幅度的 2 倍。

（4）注释：在记录数据的同时可以添加注释，注释会按照添加的顺序自动编号。在 Chart 窗口的最上方就是注释工具条（图 2-23、图 2-24）。使用者可以在空白处输入注释内容（例如药物种类及剂量，或者刺激强度等），然后单击"添加"（Add）按钮或者直接回车即可。注释内容和添加注释的位置可以在停止记录数据后编辑。在左方的"通道"（Channel）处可以通过上下箭头选择添加注释的通道，"*"表示注释添加在所有通道中。

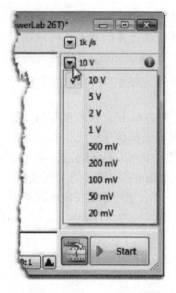

图 2-23 Chart 视图中
量程设置窗口

三、数据分析

1. 数据的选取（图 2-25）

（1）在一个通道中选择数据：在通道中单击并拖动鼠标；

（2）选择同一时间段内所有通道的数据：在时间轴上单击并拖动鼠标；

（3）选择整个 Block 的数据：把鼠标放在 Block 对应的时间轴上并双击；

（4）在一个通道中选择与另一个通道中时间段相同的数据：按下 Shift 键，同时在另外一个通道中拖动鼠标。

2. 数据板 在使用数据板计算参数前，首先要在 Chart 视图中选择一段要计算的数据，然后通过快捷工具栏中的███左边第一个按钮，或者 Window→Data Pad 打开数据板（图 2-26）。

在设置好 DataPad 中每列的计算参数后，可以在数据版中添加数据。在 Chart 视图或者 Scope 视图中选择想要计算的数据，可以选取一段数据，也可以只选一个数据点。打开数据板，并选择

图 2-24 Chart 视图中注释窗口

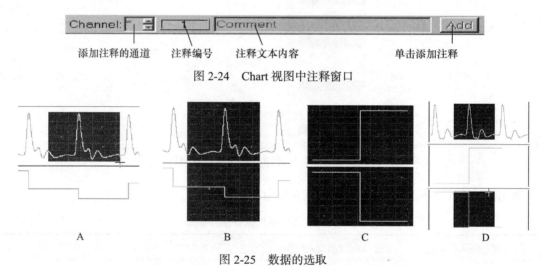

图 2-25   数据的选取

A：在一个通道中选择数据；B：选择同一时间段内所有通道的数据；C：选择整个 Block 的数据；
D：在一个通道中选择与另一个通道中时间段相同的数据

Commands→Add to Data Pad（工具栏中███左边第二个按钮），或者 Commands→Multiple Add to Data Pad....（工具栏中███左边第三个按钮）。

工具栏中███右边第一个按钮，或者是在 DataPad 视图中，单击某一列标，并向外拖，就可以生成该列的 Mini 窗口（图 2-27）。窗口中的信息有参数类型和参数值，可以把窗口拖大，放在 Chart 视图上面，有利于实时观察参数的变化。在 Mini 窗口上单击鼠标，可以重新设置参数类型。

四、复制粘贴数据图形

在 Chart 视图或者 Scope 视图中选择一段数据，并希望在 Word 文档中粘贴这段数据的

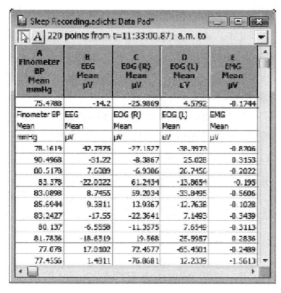

图 2-26　数据板　　　　　　　　　　　图 2-27　数据板 Mini 窗口

图形，可选择数据并按下 Ctrl＋C，之后到 Word 文档中，单击编辑中的选择性粘贴，效果如图 2-28 所示。

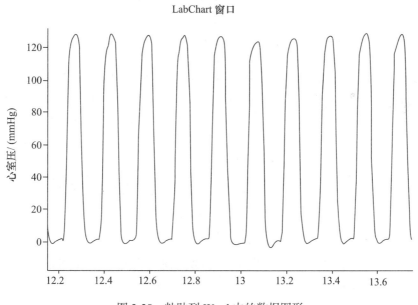

图 2-28　粘贴到 Word 中的数据图形

　　如果复制后直接粘贴，粘贴的是每个采样点的时间及幅值，而不是图片。如需粘贴放大窗口，XY 窗口中数据的图形，可在 LabChart 软件中选择 Edit→Cope Zoom view，或者 Edit→Cope XY View。

五、刺激器

　　PowerLab 记录仪中自带有刺激器输出，输出类型为恒压刺激。恒压刺激通过 PowerLab 前面板上的 Output 输出。输出波形通过 LabChart 软件编辑。在 LabChart 软件中设置刺激输出的波形及参数：Setup→Stimulator...，出现图 2-29 所示的刺激对话框：

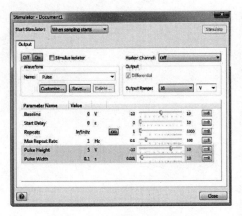

图 2-29　刺激器设置面板

1. Start Stimulator：选择开始刺激输出的条件

（1）When recording Starts：单击 LabChart 软件中的 Start 按钮时启动刺激器。如果需要输出波形，还需要单击 On 按钮，关闭波形则单击 Off 按钮或者停止记录数据。

（2）Manually：单击 On 按钮，并通过手动控制窗口中的 Stimulater 按钮输出波形，关闭波形单击 Off 按钮，停止采样时，刺激波形停止输出。但是在记录仪采样时仍然可以手动输出刺激。

（3）Independently of Sampling：刺激器启动和关闭与记录仪采集没有关系，单击 On 和 Off 按钮控制波形的输出与关闭即可。

2. Output

（1）Off/On 按钮：控制波形的输出与关闭，虽然 PowerLab 有两个 Output 输出通道，但是默认情况下只有一个通道可以输出，如果想同时输出两个 output 通道，还需要选择 Differential。另外，如输出的波形基线不为零，即使选择的是 Off 状态，基线仍将输出。

（2）Stimulus Isolator：使用刺激隔离器输出，而不是直接使用 PowerLab 的电压刺激输出。只有记录仪连接刺激隔离器时，才显示该项。

3. Marker Channel　如果想在记录通道中显示刺激输出的标记，选择标记输出的通道。应注意：标记只能显示刺激的起始位置，而不是刺激的波形。

4. Waveform　在下拉菜单中（图 2-30）选择想要刺激波形的类型。

5. Differential　差分输出。用于大于 10V 的波形。

6. Output range　选择输出波形的量程，在能满足需求的情况下，量程越大，精度越低。

7. 刺激面板　刺激面板是刺激对话框的精简版，类似于微型窗口（图 2-31）。刺激对话框在软件记录时必须关闭，而刺激面板可以在软件记录时出现，从而可以在记录数据的同时改变刺激波形的基本参数。

图 2-30　Waveform 菜单

从左到右的波形依次为：方波、延迟、斜波、阶波、阶梯脉冲、双相脉冲、三角波、三角形脉冲、正弦波、算术波

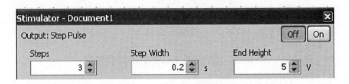

图 2-31　刺激面板

打开刺激面板的方法：Setup→Stimulator Panel。刺激面板的界面取决于刺激对话框中的设置。

六、版式

在工具条中有几个版式按钮，可以对当前的窗口进行排版：

单击左边第一个图标 Smart Tile，可根据每个窗口的大小把当前打开的窗口布满整个软件应用界面；单击中间图标 Tile Miniwindows，可把打开的所有 Mini 窗口排列在工具条下的第一排，其他窗口按照大小布满整个软件应用视图；单击右边第一个图标 New Layout，可把当前窗口的排列保存为一个新的版式。效果如图 2-32 所示。

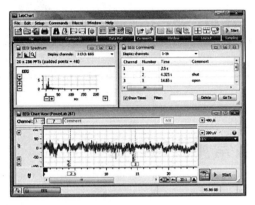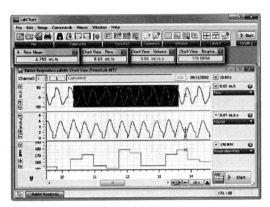

图 2-32　两种版式

（王　微）

第3章　生理学实验常用实验器材及使用方法

第1节　生理学实验常用实验器材

一、换能器

换能器又称传感器，是指将机体生理活动的非电信号转换成与之有确定函数关系的电信号的变换装置。换能器的种类繁多，生理学实验常用的主要有压力换能器和张力换能器两种。

1. 压力换能器（图3-1）　主要用于测量血压、心内压、颅内压、胸腔内压、胃肠内压、眼内压等。采用惠斯登电桥原理工作，当外界压力作用于换能器时，敏感元件的电阻值发生变化，引起电桥失衡，使换能器产生电信号。

2. 张力换能器（图3-2）　主要用于记录肌肉收缩曲线，其工作原理与压力换能器相似，张力换能器可把张力信号转换成电信号。

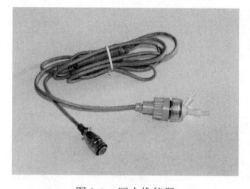

图 3-1　压力换能器

图 3-2　张力换能器

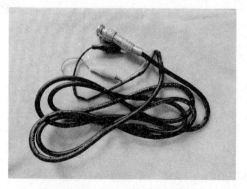

图 3-3　普通刺激电极

二、刺激电极

刺激电极的种类很多，在生理实验中常用的有普通电极、保护电极等。

1. 普通电极（图3-3）　常用于刺激离体的组织，电极前端为鳄鱼夹形式，使用时夹在刺激电极的连接部位，以接触组织。

2. 保护电极（图3-4）　刺激在体深部组织时，避免电流刺激周围组织，常需用保护电极。电极的金属丝包埋在绝缘套内，前端仅有一侧槽露出电极丝作用于组织。

3．锌铜弓（图 3-5）　常作为电刺激用以检查坐骨神经 - 腓肠肌标本功能是否良好。其基本原理为将锌铜弓置于电解质溶液中，由于锌的电极电位为 −0.76V，铜的电极电位为 +0.34V，当锌铜弓与湿润的活体组织接触时，锌失去电子成为正极，使细胞膜超极化；而铜得到电子成为负极，使细胞膜去极化而兴奋，电流按锌→活体组织→铜的方向流动，形成刺激。注意，用锌铜弓测试时，活体组织表面必须湿润。

图 3-4　保护电极

图 3-5　锌铜弓

三、引导电极

1．普通引导电极（图 3-6）用于一般生物电的引导。

2．神经放电引导电极（图 3-7）用于引导神经放电。

3．全导联引导电极（图 3-8）用于全导联心电图的引导。

图 3-6　普通引导电极

四、生理肌槽

生理肌槽（图 3-9），又称肌动器。用于固定和刺激蛙类神经 - 肌肉标本。常用的有槽式和平板式等；装有刺激电极、固定标本的孔和螺丝、杠杆等。

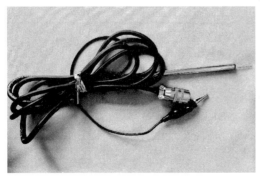

图 3-7　神经放电引导电极

图 3-8　全导联引导电极

图 3-9　生理肌槽

（孟　超　王冰梅）

第 2 节　两栖类动物手术器械

两栖类动物是生理学实验常用的实验动物，它的手术器械主要包括（图 3-10）：

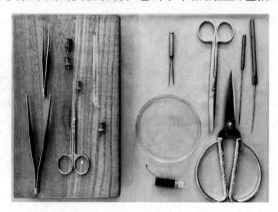

图 3-10　两栖类动物手术器械

1. 粗剪刀　又称中国剪，在两栖类动物实验中用于剪动物的骨骼和皮肤等粗硬组织。
2. 组织剪　在两栖类动物实验中用于剪动物的肌肉、内脏等软组织。
3. 眼科剪　又称虹膜剪，用于剪动物的神经和血管等细软组织。
4. 组织镊　用于夹持组织及牵拉切口处的皮肤（因其对组织的损伤性小）。
5. 眼科镊　用于夹捏较小的组织。
6. 金属探针　用于破坏动物的脑和脊髓。
7. 玻璃分针　用于分离神经和血管等组织。
8. 锌铜弓　用于对神经 - 肌肉标本施加刺激，以检查其兴奋性。
9. 蛙心夹　使用时将一端夹住心尖，另一端借丝线连于张力换能器，以描记心脏搏动。
10. 蛙板　约为 20cm×15cm 的木板或塑胶板，用于固定蛙类以便进行实验。可用蛙钉或大头针将蛙腿钉在木板上。如制备神经 - 肌肉标本，应在清洁的玻璃板上操作。为此可在木板上放一块适当大小的玻璃板。使用时，在玻璃板上先放少量任氏液，然后把去除皮肤的蛙后肢放在玻璃板上分离、制作标本。
11. 培养皿　盛放任氏液，可将已做好的神经 - 肌肉标本置于此液中。

（王冰梅　孟　超）

第 3 节　哺乳类动物手术器械

常用的基本手术器械有手术刀、手术剪、手术镊、止血钳、持针器、缝合针等（图 3-11），现分述如下：

1. 手术刀　主要用于切开和分离组织，由刀柄和刀片两部分构成。装刀方法是将刀片装置于刀柄前端的槽缝内。

刀片有不同大小和外形，刀柄也有不同的规格，常用的刀柄规格为 4、6、8 号，这 3 种型号刀柄只安装 19、20、21、22、23、24 号大刀片；3、5、7 号刀柄安装 10、11、12、15 号小刀片。按刀刃的形状可分为圆刃手术刀、尖刃手术刀和弯形尖刃手术刀等。包括刀柄和刀片。

执刀的方法必须正确，动作的力量要适当。执刀的姿势和动作的力量根据不同的需要有下列几种：

（1）指压式（捏刀式）（图 3-12）：为常用的一种执刀法。以手指按刀背后 1/3 处，用腕与手指力量切割。适用于切开皮肤、腹膜及切断钳夹组织。

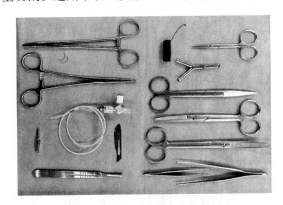

图 3-11　哺乳类动物手术器械

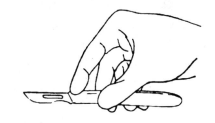

图 3-12　手术刀的持法（指压式）

（2）执笔式：如同执钢笔。动作涉及腕部，力量主要在手指，需用小力量短距离精细操作，用于切割短小切口，分离血管、神经等。

（3）全握式（抓持式）：力量在手腕。用于切割范围广、用力较大的切开，如切开较长的皮肤切口、筋膜、增生组织等。

（4）反挑式（挑起式）：即刀刃将组织由内向外面挑开，以免损伤深部组织，如腹膜的切开。

手术刀的使用范围，除了刀刃用于切割组织外，还可以用刀柄作组织的钝性分离，或代替骨膜分离器剥离骨膜。在手术器械数量不足的情况下，暂可代替手术剪作切开腹膜，切断缝线等。

2. 剪毛剪　即弯手术剪，用于剪除动物的毛发。

3. 组织剪　可沿组织间隙分离和剪断组织，用于剪开皮肤和皮下组织、筋膜和肌肉等。

4. 剪线剪　用于术中剪手术丝线。

5. 眼科剪　用于剪神经、血管和输尿管等。

6. 组织镊　用于夹持、稳定或提起组织以利切开及缝合。有不同的长度。

镊的尖端分有齿及无齿（平镊），又有短型、长型、尖头与钝头之别，可按需要选择。有齿镊损伤性大，用于夹持坚硬组织。

无齿镊损伤性小，用于夹持脆弱的组织及脏器。

精细的尖头平镊对组织损伤较轻，用于血管、神经、黏膜手术。执镊方法是用拇指对示指和中指执拿，执镊力量应适中，见图 3-13。

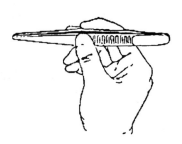

图 3-13　持镊方法

7. 眼科镊　用于夹捏细软组织等。

8. 止血钳　又叫血管钳，主要用于夹住出血部位的血管或出血点，以达到直接钳夹止血，有时也用于分离组织、牵引缝线。止血钳一般有弯、直两种，并分大、中、小等型，分离小血管及神经周围的结缔组织用蚊式钳。持钳方法同持剪法。

（1）弯血管钳：用以夹持深部组织或内脏血管出血，有长短两种。

（2）直血管钳：用以夹持浅层组织出血，协助拔针等用。

（3）有齿血管钳（有齿直钳）：用以夹持较厚组织及易滑脱组织内的血管出血，如肠系膜、大网膜等，前端齿可防止滑脱，但不能用以皮下止血。

（4）蚊式血管钳：为细小精巧的血管钳，有直（straight）、弯（curved）两种，用于脏器、面部及整形等手术的止血，不宜做大块组织钳夹用。

9. 持针器　又称持针钳，用于夹持缝合针缝合组织，有握式和钳式两种形式，兽医外科临床常使用握式持针器。

使用持针钳夹持缝针时，缝针应夹在靠近持针钳的尖端，一般应夹在缝针的针尾 1/3 处，缝线应重叠 1/3，以便操作。常用执持针钳方法：

（1）掌握法：也叫一把抓或满把握，即用手掌握拿持针钳。

优点：此法缝合稳健，容易改变缝合针的方向，缝合顺利，操作方便。

（2）指套法，为传统执法。用拇指、无名指套入钳环内，以手指活动力量来控制持针钳的开闭，并控制其张开与合拢时的动作范围。

缺点：因距支点远而稳定性差。

（3）掌指法：拇指套入钳环内，示指压在钳的前半部做支撑引导，其余三指压钳环固定于掌中。拇指可以上下开闭活动，控制持针钳的张开与合拢。

10. 缝合针　主要用于闭合组织或贯穿结扎。

缝合针分为两种类型，一种是带线缝合针或称无孔缝合针：缝线已包在针尾部，针尾较细，仅单股缝线穿过组织，使缝合孔道最小，因此对组织损伤小，又称为"无损伤缝针"。这种缝合针有特定包装，保证无菌，可以直接使用；多用于血管、肠管缝合。另一种是有孔缝合针，有孔缝合针以针孔不同分为两种：一种为穿线孔缝合针，缝线由针孔穿进；另一种为弹机孔缝合针，针孔有裂槽，缝线由裂槽压入针眼内，穿线方便，快速。

缝合针规格分为直型、1/2 弧型、3/8 弧型和半弯型。

缝合针尖端分为三角形和圆锥形。三角形针有锐利的刃缘，能穿过较厚致密组织。三角形针分为传统弯缝合针，针切缘刃沿针体凹面；翻转弯缝合针切缘刃沿针体凸面，这种缝合针比传统弯缝合针有两个优点，对组织损伤较小，增加针体强度。直型圆针用于胃肠、子宫、膀胱等缝合，用手指直接持针操作，此法动作快，操作空间较大；弯针有一定弧度，操作灵便，不需要较大空间，适用深部组织缝合。缝合部位越深，空间越小，针的弧度应越大。弯针需用持针器操作。三角针适用于皮肤、腱、筋膜及瘢痕组织缝合。

11. 动脉夹　用于阻断动脉血流。

12. 气管插管　用于急性动物实验时插入气管，以保证呼吸道通畅。一端接呼吸换能器或压力换能器以记录呼吸运动。

13. 血管插管　用于动脉、静脉插管。血管插管可用相应口径的聚乙烯管代替。实验时一端插入动脉或静脉，一端接压力换能器以记录血压，插管时，管腔内应排出所有气泡，以免影响实验结果。

14. 三通开关　可按实验需要改变液体流动的方向，便于静脉给药、输液和描记动脉血压。

（魏　琳　王冰梅）

第4章 动物实验基本操作技术

第1节 实验动物的捉取和固定方法

一、蟾蜍

抓取蟾蜍时不要挤压两侧耳部突起的毒腺，以免蟾蜍将毒液喷射入实验者眼内。取用时，将其背部靠着左手手心固定住，用右手将后肢拉直，并用左手的中指、无名指及小指环夹住，前肢及头部用拇指及示指压住，右手即可进行实验操作（图4-1）。

在进行动物微循环观察等需较长时间固定实验时，可将蟾蜍麻醉或捣毁脑脊髓，用蛙钉钉住动物的四肢和舌，将肠系膜固定在带孔木制蛙板上，在显微镜下观察舌、肠系膜的血液循环状态。

二、小鼠

小鼠一般不会咬人，但取用时动作也要轻缓。先用右手抓住鼠尾提起，放在实验台等粗糙表面，在其向前爬行时，用左手的拇指和示指抓住小鼠的两耳和头颈部皮肤，然后将鼠体置于左手心中，把后肢拉直，用左手的无名指及小指按住鼠尾，即可做注射或其他实验操作（图4-2）。

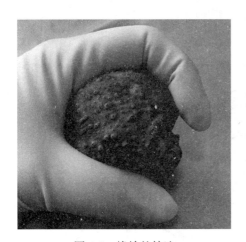
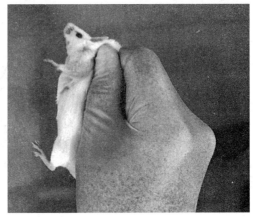

图 4-1　蟾蜍的持法　　　　　　　　图 4-2　小鼠抓取方法

三、大鼠

大鼠的牙齿很尖锐，不要突然袭击式地去抓它，这样容易被咬伤手指。初学者应戴上较厚的棉布手套，其抓取动作与小鼠相似，右手轻轻抓住大鼠的尾巴向后拉，左手抓紧鼠两耳和头颈部的皮肤，并将鼠固定在左手中，右手即可进行操作（图4-3）。

如果需要长时间固定做手术时，可参照固定兔的方法，将鼠固定在大鼠固定台上。

四、豚鼠

先用手掌迅速扣住豚鼠背部及颈部，进行捉取。怀孕或体重较大的豚鼠，应以另手托其臀部（图4-4）。

图4-3　大鼠抓取方法　　　　　　　　图4-4　豚鼠的抓取方法

五、家兔

从笼中捉兔时，先轻轻打开笼门，勿使受惊，随之用手伸入笼内，从头前阻拦，兔便匍伏不动。此时用右手把两耳轻压于手心内，抓住颈后部的皮肤，提起兔，然后用左手托住它的臀部，兔身的重量大部分落入左手上。

切忌用手抓家兔的两耳、提抓腰部或背部。实验工作中常用兔作采血、静脉注射等用，所以家兔的两耳应尽量保持不受损伤（图4-5～图4-8）。

图4-5　抓兔的方法（1,2,3均不正确,4,5为正确的提取方法）

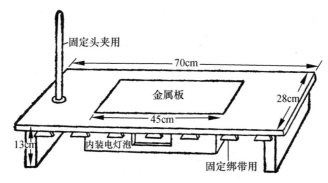

图 4-6　兔手术固定台

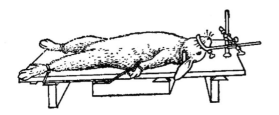

图 4-7　固定台固定兔的方法

图 4-8　兔盒固定兔方法

六、狗

　　要用特制的钳式长柄捕狗夹夹住狗颈部，注意不要夹伤嘴和其他部位。夹住颈后，使狗头向上，颈部拉直，然后套上狗链。

　　急性实验时，可用捕狗夹夹住狗颈部后，将它压倒在地，由助手将其四肢固定好，剪去前肢或后肢皮下静脉部位的被毛，静脉注射麻醉药使动物麻醉后，即可进行实验（图 4-9～图 4-11）。

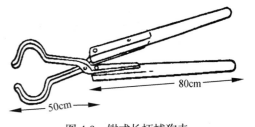

图 4-9　钳式长柄捕狗夹

图 4-10　狗嘴的捆绑方法

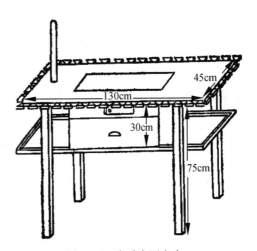

图 4-11　狗手术固定台

（王冰梅　李驰坤）

第 2 节   实验动物分组及编号的标记方法

科研中为了观察每个动物的变化情况，必须在实验前进行随机分组和编号标记。

一、分组

实验动物的分组原则为按照性别、体重进行随机平均分组。一般小型动物（如小鼠、大鼠、豚鼠等）为每组 10 只，大型动物如兔、狗、猫等可酌减，每组 4～6 只。实验方法另有规定者除外。

二、编号的标记方法

1. 大鼠、小鼠

常采用化学药品涂染法。

经常应用的涂染化学药品有：

涂染红色：0.5% 中性红或品红溶液；

涂染黄色：3%～5% 苦味酸溶液；

涂染黑色：煤焦油的酒精溶液。

2. 狗

（1）将号码烙压在圆形或方形金属牌上（最好用不锈钢或铝的），实验前用铁丝穿过金属牌上的小孔，固定在狗链条上。

（2）将号码按实验分组编号烙在拴狗颈部的皮带圈上，将此颈圈固定在狗颈部。

（3）将狗舍进行编号，对号饲养。

3. 兔、豚鼠

（1）颈部挂金属牌。

（2）笼具进行编号。

（3）化学药品涂染法。

（王冰梅   王晓燕）

第 3 节   实验动物的麻醉方法

一、使用挥发性麻醉药

1. 乙醚、吗啡合并麻醉方法

优点：深度易于掌握，比较安全，麻醉后恢复比较快。

缺点：需要专人管理，麻醉初期出现强烈的兴奋现象，对呼吸道有较强的刺激性，需在麻醉前给予基础麻醉，即在麻醉前 20～30min，皮下注射盐酸吗啡或硫酸吗啡（5～10mg/kg）及阿托品（0.1 mg/kg）。

2. 氯仿、乙醚合并麻醉方法   氯仿作吸入麻醉药，其麻醉作用比乙醚大，诱导期及兴奋期都极短，吸入气体中含 1%～2% 容量的氯仿即能使动物麻醉，容易达到外科麻醉期，但也易转入延髓麻醉期而危及生命。其麻醉剂量及致死量较为接近，使用时应加以注意。一般与乙醚混合成 1:1 或 1:2 比例进行麻醉。方法基本同乙醚麻醉法。

二、使用非挥发性麻醉药

1. 苯巴比妥钠　该药作用持久，应用方便，在普通麻醉用量下对动物呼吸、血压和其他功能影响不大。通常在实验前 0.5～1h 用药。

使用剂量和方法：狗、猫腹腔注射 80～100mg/kg，静脉注射 70～120mg/kg；家兔腹腔注射 150～200mg/kg。

2. 戊巴比妥钠　采用此药麻醉，一次给药有效时间可延续 3～5h，十分适合一般实验要求。给药后对动物循环和呼吸系统无显著抑制作用。

用时配成 1%～3% 生理盐水溶液，配好的药液在常温下放置 1～2 个月不失药效。静脉或腹腔注射后很快进入麻醉期。

使用剂量和方法：狗、猫、兔静脉注射 30～35mg/kg，腹腔注射 40～45mg/kg，皮下注射 40～50mg/kg；大鼠静脉或腹腔注射 35～50mg/kg。

3. 氨基甲酸乙酯　此药是比较温和的麻醉药，安全程度高。多数动物都可以使用，尤其适合于小动物，一般用作基础麻醉，使用时常配成 20%～25% 水溶液。

使用剂量和方法：狗、猫、兔直肠灌注 1.5g/kg，皮下、静脉、腹腔注射 0.75～1g/kg。与水合氯醛按 1∶1 合并麻醉效果更好。

4. 水合氯醛　此药有穿透性的臭气及腐蚀性苦味。其溶解度较小，常配成 10% 水溶液。使用前先在水浴锅中加热，促其溶解，但加热温度不宜过高，以免影响药效。

使用剂量和方法：狗、猫静脉注射 80～100mg/kg，腹腔注射 100～150mg/kg；兔直肠灌注 180mg/kg，静脉注射 50～75mg/kg。

以上麻醉药种类虽较多，但各种动物采用的种类多有所侧重，如作慢性实验的动物常用乙醚吸入麻醉（用吗啡和阿托品作基础麻醉）；急性动物实验对狗、猫和大鼠常用戊巴比妥钠麻醉；对家兔和蛙、蟾蜍常用氨基甲酸乙酯；对大鼠和小鼠常用戊巴比妥钠或氨基甲酸乙酯麻醉。

三、使用全身麻醉剂的注意事项

1. 麻醉剂的用量，除参照一般标准外，还应考虑个体对药物的耐受性差异，动物的体重与所需麻醉剂量间并不呈绝对的正比关系。一般来说，衰弱和过胖的动物其单位体重所需剂量较小。在使用麻醉剂过程中，随时检查动物的反应情况，尤其是采用静脉注射方式时，绝不可将按体重计算出的用量匆忙进行注射。

2. 动物在麻醉期体温容易下降，要采取保温措施。

3. 静脉注射必须缓慢，同时观察肌肉紧张性、角膜反射和对皮肤夹捏的反应，当这些活动明显减弱或消失时，立即停止注射。配制的药液浓度要适中，不可过高，以免麻醉过急，但也不能过低，以减少注入溶液的体积。

4. 做慢性实验时，在寒冷的冬季，麻醉剂在注射前应加热至动物体温水平。

四、麻醉过量的处理方法

麻醉过量时，应按过量的程度采取不同的处理方法。

如动物呼吸极慢而不规则，但血压和心搏仍正常时，可施行人工呼吸（人工呼吸机），并给苏醒剂（常用的苏醒剂有咖啡因、苯丙胺、尼克刹米等）。

若动物呼吸停止，血压下降，但心搏仍可摸到时，应迅速施行人工呼吸，同时注射温热的 50% 葡萄糖溶液 5～10mL，并给肾上腺素溶液和苏醒剂。

若动物呼吸停止，心搏极弱或刚停止时，应用5%CO_2和60%O_2的混合气体进行人工呼吸，同时注射温热葡萄糖溶液、肾上腺素溶液和苏醒剂，必要时打开胸腔直接按摩心脏。

五、动物局部麻醉方法

1. 普鲁卡因　1%溶液，局部浸润麻醉。
2. 利多卡因　2%溶液，局部浸润麻醉。
3. 地卡因　表面麻醉。

（王冰梅　刘　畅）

第4节　实验动物被毛的去除方法

一、剪毛法

1. 急性实验中最常用的方法。将动物固定后，用剪毛剪紧贴动物皮肤依次将所需部位的被毛剪去。可先粗略剪，然后再细剪。
2. 不宜用手提着皮毛剪，否则易剪破皮肤。
3. 剪下的毛应放入固定的容器内，为避免毛散落，剪毛部位事先可用纱布蘸生理盐水予以湿润。

二、拔毛法

一般做大鼠或家兔静脉和后肢皮下静脉注射、取血时常用，此法简单实用。将动物固定后，用拇指、示指将所需部位被毛拔去。涂上一层凡士林，可更清楚地显示血管。

三、剃毛法

大动物做慢性手术时采用。先用刷子蘸温肥皂水将需剃毛部位的被毛充分浸润透，用粗剪刀先剪一道，然后用剃毛刀顺被毛方向剃毛。但此法比用脱毛剂脱毛费事。采用电动剃毛刀，逆被毛方向剃毛，比较方便。

四、脱毛法

采用化学脱毛剂将动物被毛脱去。此种方法常用作大动物无菌手术；观察动物局部血液循环或其他各种病理变化。

常用脱毛剂配制处方有：

1. 硫化钠3份、肥皂粉1份、淀粉7份，加水混合，调成糊状软膏。
2. 硫化钠8g、淀粉7g、糖4g、甘油5g、硼纱1g、水75g，共100g，调成稀糊状。
3. 硫化钠8g溶于100mL水内，配成8%硫化钠水溶液。
4. 硫化碱10g（染土布用）、生石灰（普通的）15g、加水至100mL，溶解后即可使用。

采用上述1~3种处方，对家兔、大鼠、小鼠等小动物脱毛效果很好。

第4种处方对狗等大动物的脱毛效果很好。方法是：将狗固定在一凹形木制固定架上，实验者戴上胶皮耐酸厚手套，用纱布蘸脱毛剂涂在须脱毛的部位，使狗毛湿透，等2~3min狗毛呈黏糊状时，迅速用自来水将脱下的被毛冲洗干净，此时可见脱毛部位被毛脱得十分干净，皮肤不充血。采用此方法时，脱毛部位被毛在脱毛前一定不要用水洗，免得因水洗后，脱毛剂会渗透入皮毛里，刺激皮肤，造成皮肤炎症等变化。

（王冰梅　刘　畅）

第 5 节　实验动物的给药途径和方法

一、注射给药的注意事项

（一）使用注射器和吸取药液时的注意事项

1. 注射器针头要尖锐、通气，大小合适。小鼠皮下、腹腔、肌内注射一般用 5.5～6 号针头，静脉注射用 4.5 号或 5 号针头，口服灌胃用 16 号针头；大鼠所用的针头均大 1 号，灌胃用静脉切开针；家兔与大鼠所用针头可相同。

2. 抽取药液前检查针头与针筒是否漏气。

3. 先计算需用药量，再吸取相应剂量的药液。

4. 注射前需排除气泡，调整药液至准确的用量（图 4-12）。

5. 注射器应平拿，否则需用手指轻扶针栓，以防进入空气。

（二）注射针在消毒前注意检查：

1. 针管与基部连接处，用手拉拔，不应有松动现象。

2. 针的刃口不应有毛刺。

3. 发现针头严重弯曲，应丢弃，不宜继续使用。

4. 注射针套在注射器的接头上，经过 90° 旋转紧紧套上。当压缩注射器内液体时，应不漏液。

图 4-12　排除空气方法

二、皮下注射

皮下注射较简单，一般选取背部及后腿皮下。注射时用左手拇指及示指轻轻捏起皮肤，右手持注射器将针头刺入，固定后即进行注射（图 4-13、图 4-14）。

猫、狗、豚鼠等动物背部皮肤韧性较大，针头不易刺入，作皮下注射时不宜选背部皮肤。可选择大腿内侧、外侧或下腹部等部位；家兔则可在背部或耳根部注射。

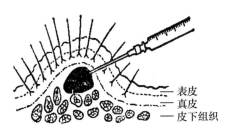

　　　　　　　　　　　　　　　　　　——表皮
　　　　　　　　　　　　　　　　　　——真皮
　　　　　　　　　　　　　　　　　　——皮下组织

图 4-13　皮下注射药物情况

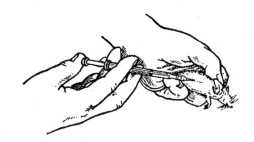

图 4-14　小鼠皮下注射方法

三、皮内注射

此法用于观察皮肤血管的通透性变化或皮内反应。

方法是：将动物注射部位的毛剪除或脱除（注意不要剪破皮肤），用 1mL 注射器带 4 号半针头，将针头先刺入皮下，然后使针头向上挑起，至可见透过真皮时为止（如在皮内，肉眼可见到针头的方向），随之慢慢注入一定量的药液（一般注射量为 0.05mL），见图 4-15。

四、腹腔注射

狗、猫、兔等动物腹腔内注射，可由助手抓住动物，使其腹部向上，在腹部下 1/3 处略靠外侧（避开肝和膀胱）将注射器针头垂直刺入腹腔，然后将针筒回抽，观察是否插入脏器或血管，在准确断定已插入腹腔时，固定针头，进行注射。

大鼠、小鼠一般一人即可注射：以左手大拇指与示指执住鼠两耳及头部皮肤，腹部向上，将鼠固定在手掌间，必要时，以左手无名指及小指夹住鼠尾；右手持连有 5 号针头的注射器，将针头从下腹部朝头方向刺入腹腔，回抽无回血或尿液，表示针头未刺入肝、膀胱等脏器，即可进行注射（图 4-16）。

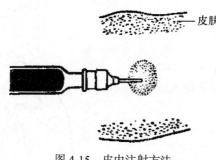

图 4-15　皮内注射方法

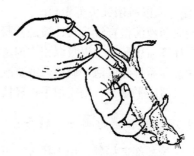

图 4-16　小鼠腹腔注射方法

进行腹腔注射时应注意：
（1）针头刺入部不宜太近上腹部或太深，以免刺破内脏。
（2）针头与腹腔的角度不宜太小，否则容易刺入皮下。
（3）用的针头不要太粗，以免药液注射后从注射孔流出。注射后用棉球按一下注射部位。
（4）为避免注射后药液从针孔流出，也可在注射时先使针头在皮下向前推一小段距离，然后再刺入腹腔。

五、肌内注射

肌内注射部位，要选择肌肉丰满或无大血管通过的肌肉，一般采用臀部。针头回抽无血即可注射。

给小鼠、大鼠做肌内注射时，将针头刺入大腿外侧肌肉，将药液注入。

六、静脉注射

1. 大鼠、小鼠尾静脉注射　鼠尾静脉血管分布有一定特点：鼠尾左右两侧是两根尾静脉，其位置比较固定，容易注入。

尾静脉注射的要点（图 4-17）：
（1）注射前尾静脉一定要尽量充血；
（2）要用较细的针头（4.5 号或 5 号）；
（3）针头刺入后，一定要使其与血管走行方向平行；
（4）当针头进入顺利无阻时，必须把针头和鼠尾固定好，不要晃动，以免出血造成血肿或溶

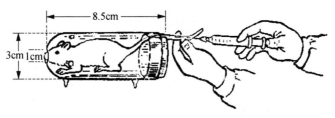

图 4-17 小鼠尾静脉注射方法

液溢出；

（5）注射部位尽量选用尾静脉下 1/3 处，因此处皮薄，血管较易注入。

2. 家兔耳缘静脉注射 拔去耳缘部被毛，用手指弹动兔耳，促进静脉充血。然后用左手拇指和示指压住耳根端，待静脉血液充盈后，针头由接近耳尖部刺入静脉，并顺血管平行方向深入 1cm，将针头与兔耳固定，即可进行药物注射。注射完毕后，用棉球压住针刺孔，以免出血（图 4-18、图 4-19）。

——静脉
——动脉

图 4-18 家兔耳部血管分布

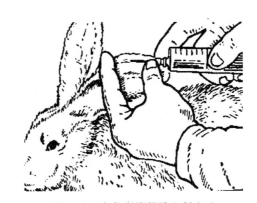

图 4-19 家兔耳缘静脉注射方法

七、胃内注入方法（灌胃给药法）

1. 大鼠、小鼠 用左手拇指和示指抓住鼠两耳和头部皮肤，其他三指抓住背部皮肤，将鼠抓持在手掌内，固定好，右手取注射器进行灌胃。

灌胃针头：小鼠可用 16 号针头改制，大鼠用静脉切开针或兽用注射针改制。

灌胃时针头沿鼠口角通过食管进入胃内，然后将药液灌入胃内。灌药时如很通畅，则表示针头已进入胃内；如动物有呕吐或强烈挣扎，则表示针头未插入胃内，必须拔出后按上述方法重新操作。

其要点是动物要固定好，头部和颈部保持平直；进针方向正确，要沿着右口角进针，再顺着食管方向插入胃内，不可强行灌入，否则会造成动物死亡（图 4-20、图 4-21）。

2. 猫、兔 一般用导尿管代替灌胃管，并最好配以张口器（纺锤形，正中开一小孔）。灌胃时，将动物固定好，把张口器放入上下颌之间，此时动物自然会咬住张口器；实验者用左手抓住动物，然后右手取适宜粗细的导尿管，由张口器中央小孔插入，导管经口沿腭后壁慢慢送入食管内。动作要轻，防止误入气管。插入后可在导管口用动物毛测试，是否随动物呼吸出现摆动现象，如无即表示已进入胃内。在导管口处连接装有药液的注射器，即可慢慢灌入胃内（图 4-22、图 4-23）。

图 4-20　大鼠
灌胃方法

图 4-21　小鼠
灌胃方法

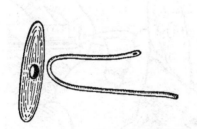

图 4-22　猫、兔灌胃用张口器及灌胃管

图 4-23　兔灌胃方法

（王冰梅　王晓燕）

第 6 节　实验动物的取血方法

一、大鼠、小鼠

1. 尾静脉　使鼠尾静脉充分充血后，用剪刀剪去尾尖，尾静脉血即可流出，用手轻轻从尾根部向尾尖部挤几下，可以取到数滴血（图 4-24、图 4-25）。

图 4-24　切破鼠尾静脉方法

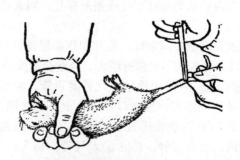

图 4-25　鼠尾静脉取血方法

2. 眼眶动脉和静脉　用左手抓住鼠，拇指和示指尽量将鼠头部皮肤捏紧，使鼠眼球突出。右手取一无钩弯小镊，在鼠右侧眼球根部将眼球摘去，将鼠倒置，头向下，此法由于取血过程动物未死，心脏不断在跳动，因此取血量比断头法多，一般可取出 4%～5% 鼠体重的血液量（图 4-26）。

3. 后眼眶静脉丛连续穿刺　穿刺部位是在眼球和眼眶后界之间的后眼眶静脉丛。采用特制的硬玻璃吸管，管长 15cm，前端拉成毛细管。取血时，用手从背部捉住动物，同时用示指和拇指握住颈部，利用对颈部所加的轻压力，使头部静脉淤血，将消毒的吸管用抗凝剂湿润其内壁，从内侧眼角将吸管转向前，并轻压刺入，深 4～5mm 就达到后眼眶静脉丛，血液自然进入吸管内。在得到所需血量后，除去加于颈部的压力，同时抽出吸管（图 4-27）。

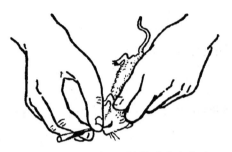

图 4-26　小鼠后眼眶静脉丛取血方法

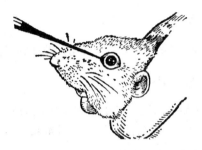

图 4-27　大鼠后眼眶静脉丛取血方法

4. 断头　用大鼠断头器或粗剪刀在鼠颈部将鼠头剪掉，实验者立即将鼠颈向下，提起动物，对准准备好的容器，鼠血即可从颈部滴入容器内（图 4-28）。

5. 心脏　左手固定鼠，在左侧第 3～4 肋间，用左手示指摸到心搏，右手取注射器选择心搏最强处与水平线呈 45° 进针穿刺（图 4-29）。

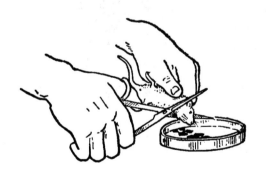

图 4-28　小鼠断头取血方法

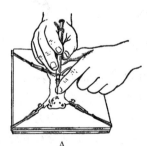

图 4-29　小鼠心脏取血方法

6. 颈静脉　做颈外静脉分离手术。颈静脉暴露清楚后，用注射器针头沿静脉平行方向刺入，抽取所需血量，采用此法取血，体重 20g 的小鼠可取 0.6mL 左右，体重 300g 的大鼠可取血 8mL 左右（图 4-30）。

二、家兔和豚鼠

1. 心脏　将兔仰卧固定在手术台上，把左侧胸部相当于心脏部位的被毛剪去，用碘伏消毒皮肤。实验者用左手触摸左侧第 3～4 肋间，选择心跳最明

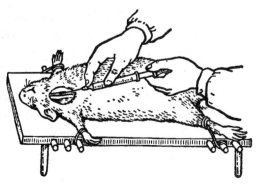

图 4-30　大鼠颈静脉取血方法

显处做穿刺。一般由胸骨左缘外 3mm 处将注射针头插入第三肋间隙。穿刺时最好用左手触诊心跳，在触诊的配合下穿刺。

经 6～7 天后，可以重复进行心脏穿刺术。家兔一次可采取全血量的 1/6～1/5。

2. 耳缘静脉　同耳缘静脉注射法。

（白金萍　史文婷）

第 7 节　实验动物的处死方法

一、蛙类

常用金属探针插入枕骨大孔，破坏脑脊髓的方法处死（图 4-31）。

二、大鼠、小鼠

1. 脊椎脱臼法　右手抓住鼠尾用力向后拉，同时左手拇指与示指用力向下按住鼠头。将脊髓与延髓拉断，动物立即死亡（图 4-32）。

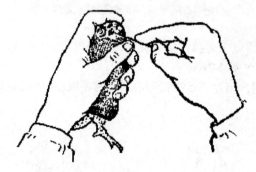

图 4-31　蛙类处死方法

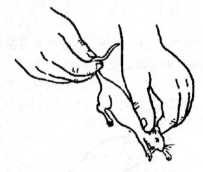

图 4-32　小鼠颈椎脱臼方法

2. 断头法　用剪刀在鼠颈部将鼠头剪掉，详细方法可参考大、小鼠断头取血方法。鼠由于剪断了脑脊髓，同时大量失血，很快死亡。

3. 击打法　右手抓住鼠尾，提起，用力摔击其头部，鼠痉挛后立即死去。

4. 急性大失血法　可采用鼠眼眶动脉和静脉急性大量失血方法使鼠立即死亡。

三、狗、猫、兔、豚鼠

1. 空气栓塞法　向动物静脉内注入一定量的空气，使之发生栓塞而死。当空气注入静脉后，可在右心随着心脏的跳动与血液相混致血液成泡沫状，随血液循环到全身。如进入肺动脉，可阻塞其分支，进入心脏冠状动脉，造成冠状动脉阻塞，发生严重的血液循环障碍，动物很快致死。

2. 急性失血法　如动物进行了动脉、静脉暴露术，可从血管中大量放血，致动物死亡。

3. 破坏延髓法　用器具破坏延髓或用木锤用力击其后脑部。

4. 开放性气胸法　将动物开胸，造成开放性气胸。这时胸膜腔与大气压相等，肺脏因受大气压缩发生肺萎缩，纵隔摆动，动物窒息死亡。

（李驰坤　孟　超）

第 8 节　家兔手术的基本操作

一、术前准备

1. 备皮

（1）剪毛法：常用于急性实验。用剪毛剪刀紧贴皮肤依次将手术范围内的皮毛剪去。勿用手提起毛剪之，以免剪破皮肤。

（2）拔毛法：适用于大、小鼠和家兔耳缘静脉，以及后肢皮下静脉的注射、取血等。

（3）剃毛法：用于大动物的慢性实验。

（4）脱毛法：用于无菌手术野备皮。

2. 消毒　常用于慢性实验，一般用碘伏（或强力碘等）或酒精常规消毒，碘伏（或强力碘等）的效果较好。

二、手术

1. 切开皮肤　先用左手拇指和示指绷紧皮肤，右手持手术刀切开皮肤，切口大小以便于手术操作为宜。

2. 分离组织　有钝性和锐性分离两种。钝性分离不易损伤神经和血管等组织，常用于分离肌肉包膜、脏器和深筋膜等；锐性分离要求准确、范围小，避开神经、血管或其他脏器。

（1）颈动脉分离术：暴露气管，分别在颈部左右侧用止血钳拉开肌肉，于胸锁乳头肌深面，可看到与气管平行的颈总动脉。它与迷走神经、交感神经、减压神经伴行于颈动脉鞘内（注意颈动脉有甲状腺动脉分支）。用玻璃分针小心分离颈动脉鞘，并分离出颈总动脉 3cm 左右，在其下面穿两条线，一线在近心端动脉干上打一虚结，供固定动脉套管用，另一线准备在头端结扎颈总动脉。

（2）迷走神经、交感神经、减压神经分离术：按上法找到颈动脉鞘，看清 3 条神经走行后用玻璃分针小心分开颈动脉鞘，切勿弄破动脉分支。辨认 3 条神经，迷走神经最粗，交感神经（呈灰白色）次之，减压神经最细，且常与交感神经紧贴在一起（一般先分减压神经）。每条神经分离出 2～3cm，并各穿两条不同色的、生理盐水润湿的丝线以便区分（图 4-33）。

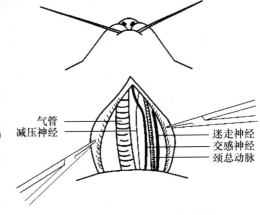

图 4-33　家兔迷走神经、交感神经、
减压神经解剖图

（3）颈外静脉分离术：颈部去毛，从颈部甲状软骨以下沿正中线做 4～5cm 皮肤切口，夹起一侧切口皮肤，右手指从颈后将皮肤向切口顶起，在胸锁乳突肌外缘，即可见到颈外静脉。用玻璃分针分离出 2～3cm，下穿双线备用。静脉压测定常采用颈外静脉。

（4）股动脉、股静脉分离术

1）固定动物，在股三角区去毛，股三角上界为韧带，外侧为内收长肌，中部为缝匠肌。

2）沿血管走行方向切一个长 4～5cm 的切口。用止血钳钝性分离肌肉和深筋膜，暴露神经、动脉、静脉（神经在外，动脉居中，静脉在内）。

3）分离静脉或动脉，在下方穿线备用。用温热生理盐水纱布覆盖于手术野。

（5）内脏大神经分离术

1）家兔内脏大神经分离术：兔麻醉固定。沿腹部正中线做 6～10cm 切口，并逐层切开腹壁肌肉和腹膜。用温生理盐水纱布推腹腔脏器于一侧，暴露肾上腺，细心分离肾上腺周围脂肪组织。沿肾上腺斜外上方向，即可见一根乳白色神经，向下方通向肾上腺，并在通向肾上腺前形成两根分支，分支交叉处略膨大，此即为副肾神经节。分离清楚后，在神经下引线（不结扎）备用。

2）狗内脏大神经分离术：狗暴露肾上腺方法同"家兔内脏大神经分离术"。分离左侧内脏大神经时，向上方寻找半月交感神经节和内脏神经主干，用玻璃棒剥离盖在内脏大神经上的腹膜壁层，即可分离出内脏大神经。手术中要充分麻醉，防止反射性呼吸心跳停止。

三、插管技术

1. 气管插管术　气管插管术是哺乳类动物急性实验中常用手术，可保证呼吸通畅，也利于乙醚麻醉。在开胸实验时，气管插管可接人工呼吸机。与呼吸换能器和压力换能器相连，可观察呼吸运动。

（1）仰卧位固定动物，颈前区备皮，从甲状软骨以下沿正中线切开并逐层钝性分离，暴露气管。

（2）分离并游离气管，在气管下方（食管上方）穿粗线备用。

（3）在甲状软骨以下 0.5cm 处横向切开气管前壁，再向头端作纵向切口，使切口呈"⊥"形。

（4）一手提线，另一手插气管套管，结扎固定。

2. 动脉插管术

（1）用注射器向动脉插管管道系统注满肝素生理盐水，排尽气泡，检查管道系统有无破裂，动脉套管尖端是否光滑，口径是否合适。

（2）尽可能靠头侧结扎颈总动脉，用动脉夹尽量靠近心脏侧夹闭颈总动脉；两者之间相距 2～3cm，以备插管。

（3）用眼科镊子提起颈总动脉，用锐利的眼科剪刀，靠近结扎处朝心脏方向剪一 V 形切口，注意勿剪断颈总动脉。

（4）生理盐水润湿的动脉插管从切口向心脏方向插入颈总动脉，并保证套管与动脉平行以防刺破动脉壁。插入 1～1.5cm，用线将套管与颈总动脉一起扎紧，以防脱落。

3. 静脉插管术　插管部位：兔在颈外静脉，猫、狗常在股静脉。在已剥离好的静脉上，用线结扎远心端，在结扎处的近心侧的静脉上朝心脏方向剪一 V 形切口，将静脉套管向心脏方向插入静脉，结扎固定即可。

4. 其他插管技术　常因实验目的不同，需进行特殊插管术，如观察尿量需要膀胱插管或输尿管插管，观察某些药物对蛙心的影响时需要蛙心插管，做迷走神经和某些药物对胰液、胆汁分泌的影响时需进行胰总管或胆总管插管等。其插管方法与上述基本相同。

（王　微　王冰梅）

第5章 神经与肌肉实验

第1节 坐骨神经-腓肠肌标本的制备

【实验目的】

掌握坐骨神经-腓肠肌标本的制备技术，为以后相关实验打下基础。

【实验原理】

两栖类动物的一些基本生命活动和生理功能与温血动物相似，而其离体组织所需的生活条件比较简单，易于建立、控制和掌握。因此在实验中常用蟾蜍或蛙的坐骨神经-腓肠肌标本来观察兴奋与兴奋性的一些规律以及骨骼肌的收缩特点等。

坐骨神经-腓肠肌标本的制备是生理学实验的一项基本操作技术。

【实验对象】

蟾蜍或蛙。

【实验材料】

两栖类动物手术器械1套（粗剪刀、组织剪、眼科剪、组织镊、眼科镊、金属探针、玻璃分针、蛙板）、手术线、蛙尸缸、滴管、平皿、锌铜弓、任氏液。

【实验步骤】

1. 破坏脑和脊髓 取蟾蜍1只，用自来水冲洗干净。左手握住蟾蜍，用拇指按压其背部，示指按压头部前端使其头部前俯，右手持金属探针在头部前缘沿正中线向尾端触划，所触划到的头部后端的凹陷处，即为枕骨大孔所在部位。在此处将金属探针垂直刺入皮肤，有突破感后再将金属探针折向前通过枕骨大孔刺入颅腔，左右搅动捣毁脑组织；然后将金属探针回抽至枕骨大孔处，转向后刺入脊椎管，反复提插捣毁脊髓（图5-1）。此时如蟾蜍的四肢松软，呼吸运动消失，表示脑和脊髓已完全破坏，否则应按上法再行捣毁。

2. 剪除躯干上部及内脏 如图5-2所示，左手提起蟾蜍脊柱骶髂关节位置，在骶髂关节水平以上1~1.5cm处用粗剪刀剪断脊柱，然后将粗剪刀尖向下深入体腔沿躯干两侧剪开皮肤，使蟾蜍头、上肢与内脏自然下垂，将其一并剪除弃去，仅留后肢、骶骨、脊柱及紧贴于脊柱两侧的坐骨神经。在整个剪除过程中注意勿损伤神经。

图 5-1　破坏蟾蜍脑和脊髓的方法

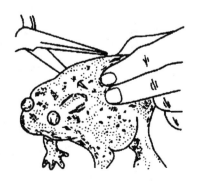

图 5-2　剪除蟾蜍躯干上部及内脏

3. 剥皮　左手用组织镊夹紧或用手直接捏住脊柱断端（注意：不要夹住或接触神经），右手捏住其上的皮肤边缘，用力向下剥掉全部后肢皮肤（图5-3），将标本放在盛有任氏液的平皿中。将手及用过的粗剪刀、组织镊等手术器械洗净，再进行下述步骤。

4. 分离两腿　用镊子从背位夹住脊柱将标本提起，剪去向上突出的骶骨（注意勿损伤坐骨神经），再沿正中线用粗剪刀将脊柱分为两半，并从耻骨联合中央剪开两侧大腿，然后将分离的两条腿浸于盛有任氏液的平皿中备用。

5. 制作坐骨神经 - 腓肠肌标本

（1）游离坐骨神经：取一条腿放于蛙板上，用玻璃分针沿脊柱侧游离坐骨神经。将标本背侧向上放置，划开梨状肌群及其附近的结缔组织，循坐骨神经沟（股二头肌与半膜肌之间的裂缝处），找出坐骨神经的大腿部分，用玻璃分针小心剥离（图5-4）。用玻璃分针将坐骨神经轻轻提起，以眼科剪剪断其所有分支，并将神经一直游离至腘窝为止，再用粗剪刀剪下一小段与坐骨神经相连的脊柱，并将游离干净的坐骨神经搭于腓肠肌上。

（2）去除大腿肌肉：在膝关节周围剪掉全部大腿肌肉并将股骨刮干净，然后从股骨中部剪去上段股骨。

（3）完成坐骨神经 - 腓肠肌标本：在跟腱处穿线结扎，并于结扎线远端剪断跟腱。游离腓肠肌至膝关节处，然后沿膝关节将小腿其余部分全部剪掉，这样即制备好一个具有附着在股骨上的腓肠肌并带有支配腓肠肌的坐骨神经的标本（图5-5）。

 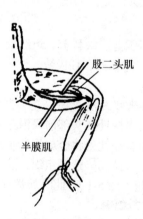 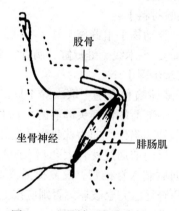

图 5-3　剥除皮肤　　　图 5-4　游离坐骨神经　　　图 5-5　坐骨神经 - 腓肠肌标本

6. 用锌铜弓检查标本　将锌铜弓在任氏液中沾湿后迅速接触坐骨神经，如腓肠肌发生明显而灵敏的收缩，则表示标本的兴奋性良好，即可将标本放在盛有任氏液的平皿中，以保持其兴奋性。

【注意事项】

1. 神经需用玻璃分针分离，不可用金属镊子提捏神经和腓肠肌，并尽量避免过度牵拉。

2. 结扎跟腱时，线应扎紧，以免实验过程中滑脱。

3. 在破坏脑和脊髓时，不要过分刺激蟾蜍眼睛后方的酥囊，以免蟾酥外溅。若不慎溅入眼内，可立即用清水冲洗数次。

【思考题】

1. 如何检测坐骨神经 - 腓肠肌标本的兴奋性？为什么？

2. 剥皮后的神经 - 肌肉标本为什么不能用自来水冲洗？

（刘　畅　孟　超）

第 2 节 刺激强度对骨骼肌收缩反应的影响

【实验目的】

掌握阈刺激、阈上刺激和最大刺激的概念。

【实验原理】

活的神经肌肉组织具有兴奋性，能够接受刺激产生兴奋。衡量单一细胞兴奋性大小的刺激指标常用阈值即强度阈值表示。阈值是指在刺激作用时间和强度 - 时间变化率固定不变的条件下，能引起组织细胞兴奋所需的最小刺激强度，达到这种强度的刺激称为阈刺激。单一细胞的兴奋性是恒定的，但是不同细胞的兴奋性并不相同。因此，对于多细胞的组织来说，在一定范围内，刺激与反应之间表现并非"全或无"的关系。

坐骨神经和腓肠肌是多细胞组织，当单个方波电刺激作用于坐骨神经或腓肠肌时，如果刺激强度太小，则不能引起肌肉收缩，只有当刺激强度达到阈值时，才能引起肌肉发生最微弱的收缩，这时引起的肌肉收缩称阈收缩（只有兴奋性高的肌纤维收缩）。

随着刺激强度的增加，肌肉收缩幅度也相应增大，这种刺激强度超过阈值的刺激称为阈上刺激。当刺激强度增大到某一数值时，肌肉出现最大收缩反应，如再继续增大刺激强度，肌肉的收缩幅度不再增大。这种能使肌肉发生最大收缩反应的最小刺激强度称为最适强度。

具有最适强度的刺激称为最大刺激。最大刺激引起的肌肉收缩称最大收缩（所有的肌纤维都收缩）。由此可见，在一定范围内，骨骼肌收缩的大小取决于刺激的强度，这是刺激与组织反应之间的一个普遍规律。

【实验对象】

蟾蜍或蛙。

【实验材料】

两栖类动物手术器械 1 套、手术线、蛙尸缸、滴管、平皿、锌铜弓、BL-420 生物机能实验系统、肌槽、张力换能器、刺激电极、铁支架、双凹夹、任氏液。

【实验步骤】

1. 制备坐骨神经 - 腓肠肌标本（参见本章第 1 节），将标本置于任氏液中浸泡数分钟，待其兴奋性稳定后开始实验。

2. 连接标本与实验仪器

（1）利用双凹夹将肌槽固定于铁支台上，张力换能器固定在肌槽的正上方。张力换能器的接口是一个 5 芯插头，将其插入主机的 1 通道接口中。

（2）把标本的股骨残端插入肌槽的螺丝孔内，将螺丝旋紧；其坐骨神经部分就近搭在肌槽的一对电极上并注意保持湿润。然后将跟腱上的结扎线挂在张力换能器弹簧片上，使肌肉处于自然拉长的状态。

（3）取出 BL-420 生物机能实验系统专用的刺激电极（图 5-6 A），将其插头插在主机"刺激"接口中，另一端的两个鳄鱼夹，分别夹在搭有坐骨神经的两个肌槽电极（图 5-6 B）对应的接口螺丝上。

3. 打开计算机，进入 BL-420 生物机能实验系统，开始实验数据的采集。

（1）在"输入信号"下拉菜单中选择"1 通道"，在"1 通道"的子菜单中选择信号类型为"张力"。

（2）鼠标单击工具条上的形状为绿色三角形的"开始"命令按钮，启动数据采样，即可在 1 通道中观察代表肌肉收缩张力变化的波形曲线。如在 1 通道的基线上双击鼠标左键，可全屏观察

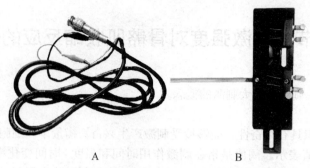

图 5-6   刺激电极与生理肌槽

A. 刺激电极；B. 生理肌槽

1 通道的曲线变化。

（3）鼠标左键单击显示器左上方工具栏下面的"打开刺激器设置对话框"按钮，弹出刺激器设置对话框（图 5-7）。选择对话框中的"设置"面板，在"模式"下拉菜单中选择"细电压"；在"方式"下拉菜单中选择"单刺激"；此时每一次单击"启动 / 停止刺激"按钮，则对标本进行一个单个的刺激，同时在 1 通道下缘处，系统自动用绿色的短竖线标记刺激发生位置并显示刺激的频率、强度和波宽。

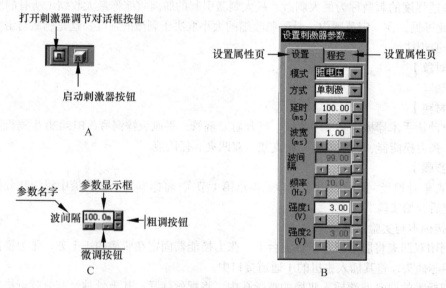

图 5-7   刺激器设置及使用

A. 打开刺激器对话框按钮和启动刺激器按钮；B. 设置刺激器参数对话框中的设置属性页；C. 刺激器对话框设置属性页分解图

（4）在"设置"面板中将强度调整为最小值即 0.005V，然后开始刺激。注意观察此时 1 通道中是否有收缩波形出现。之后逐渐增大刺激强度，并仔细观察，直至当强度增大到某一特定数值时，波形突然改变，标志着此时肌肉发生了一次收缩。那么引起这第一次收缩的刺激强度即为阈值；该刺激称阈刺激。

（5）再增大刺激强度，则发出的均为阈上刺激。注意观察收缩波形幅度的变化，直至找到最大刺激。

【参数设定】

实验参数详见表 5-1（可据实际情况调整各参数）

表 5-1　实验参数

	通　道	换能器类型	增益选项	时间常数	滤波调节	扫描速度	50Hz 滤波
采样参数	1	张力	20	3S	10k	1.00s/div	关
	刺激模式	刺激方式	延时	波宽	波间隔	频率	强度
刺激器参数	细电压	单刺激	100ms	1ms	—	—	—

【注意事项】

1．换能器与标本之间连接线的松紧度应适当，过松或过紧均无法读出实验数据。

2．在整个仪器连接过程中不可以用力牵拉换能器，以避免超过受力范围造成损坏。

3．5 芯插头与通道接口连接时，应先找到 5 芯插头的豁口位置并使之与通道接口对齐，以免损坏。

【思考题】

刺激强度与骨骼肌收缩幅度之间的关系如何？为什么？

（刘　畅　白金萍）

第 3 节　骨骼肌的单收缩和复合收缩

【实验目的】

通过电刺激坐骨神经 - 腓肠肌标本，观察不同刺激频率时骨骼肌的收缩方式，了解刺激频率与收缩反应之间的关系以及强直收缩的形成过程。

【实验原理】

在一定刺激强度下，不同的刺激频率可使肌肉出现不同的收缩形式，如果刺激的间隔时间大于肌肉收缩的收缩期与舒张期之和，这种刺激引起肌肉出现一连串单收缩。随着刺激频率的增加，刺激的间隔时间缩短。如果刺激的间隔时间大于收缩期，但小于收缩期与舒张期之和，则后一刺激引起的肌肉收缩落在前一刺激引起的收缩过程的舒张期内，出现不完全性强直收缩。如果刺激的间隔时间小于收缩期时间，则后一刺激引起的肌肉收缩落在前一刺激引起的肌肉收缩的收缩期内，出现完全性强直收缩。

【实验对象】

蟾蜍或蛙。

【实验材料】

两栖类动物手术器械 1 套、手术线、蛙尸缸、滴管、平皿、锌铜弓、BL-420 生物机能实验系统、张力换能器、刺激电极、肌槽、铁支台、双凹夹、任氏液。

【实验步骤】

1．标本的制备：制备蟾蜍的坐骨神经 - 腓肠肌标本（参见本章第 1 节），浸泡在任氏液中，待其兴奋性稳定后开始实验。

2．连接标本与实验仪器。

3．将坐骨神经 - 腓肠肌标本同肌槽、张力换能器和计算机相连接，接好刺激电极（方法同本章第 2 节）。

4．打开计算机，进入 BL-420 生物机能实验系统，开始实验数据的采集。

（1）在"输入信号"下拉菜单中选择"1 通道"，在"1 通道"的子菜单中选择信号类型为"张力"。

（2）鼠标单击工具条上的形状为绿色三角形的"开始"命令按钮，启动数据采样，即可在1通道中观察代表肌肉收缩张力变化的波形曲线。

（3）在"打开刺激器设置对话框"中选择"设置"面板，在"模式"下拉菜单中选择"粗电压"；在"方式"下拉菜单中选择"串刺激"；此时单击"启动/停止刺激"按钮，则开始对标本进行连续的单个刺激。再次单击此按钮，则刺激停止。

（4）在"设置"面板中将"强度"调整为0.5V，"频率"调整为0.5Hz，然后开始刺激，则在1通道中出现一连串收缩曲线，为单收缩曲线。

（5）逐渐增大刺激频率，曲线将依次转变为不完全性强直收缩和完全性强直收缩，注意观察它们在波形上的区别（图5-8）。

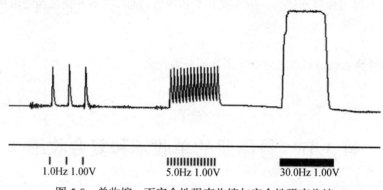

图5-8 单收缩、不完全性强直收缩与完全性强直收缩

【参数设定】

实验参数详见表5-2（可据实际情况调整各参数）

表5-2 实验参数

采样参数	通道	换能器类型	增益选项	时间常数	滤波调节	扫描速度	50Hz滤波
	1	张力	20	3S	10k	1.00s/div	关
刺激器参数	刺激模式	刺激方式	延时	波宽	波间隔	频率	强度
	粗电压	串刺激	100ms	1ms	—		0.5V

【注意事项】

1. 每次连续刺激一般不要超过3~4s，每串刺激后应给标本一段休息时间，以防止标本疲劳。
2. 应及时滴加任氏液，保持标本的湿润状态以维持其兴奋性。

【思考题】

1. 同一块肌肉，其单收缩、不完全性强直收缩和完全性强直收缩的幅度是否相同？为什么？
2. 不同的骨骼肌，引起完全性强直收缩的刺激频率是否相同？为什么？

（刘　畅　王晓燕）

第4节　强度-时间曲线与时值的测定

【实验目的】

了解时值的概念，进一步了解引起组织兴奋时刺激强度与刺激作用时间的依赖关系。

【实验原理】

要使组织受到刺激后发生兴奋反应，不仅需要一定的刺激强度，而且需要一定的刺激作用时间。刺激强度与刺激作用时间之间的相互关系可用强度 - 时间曲线表示。刺激电流作用时间足够长时的刺激强度阈值，称为基强度。

在基强度下引起组织兴奋的最短刺激作用时间，称为利用时。在 2 倍基强度下引起组织兴奋所需的最短刺激作用时间，称之为时值。时值是衡量组织兴奋性的重要指标之一。改变刺激强度，分别测出引起某组织兴奋所需的最短作用时间，将一系列这样的数据在坐标图上描绘出来，即为该组织的刺激强度 - 时间曲线。

【实验对象】

蟾蜍或蛙。

【实验材料】

两栖类动物手术器械 1 套、蛙尸缸、滴管、平皿、BL-420 生物机能实验系统、神经屏蔽盒、刺激电极、引导电极、任氏液。

【实验步骤】

1. 制备蟾蜍的坐骨神经干标本　坐骨神经干标本的制备方法与制备坐骨神经 - 腓肠肌标本相似。首先按照制备坐骨神经 - 腓肠肌标本的方法分离坐骨神经，当游离至膝关节处时，在腓肠肌两侧找到胫神经和腓神经，任选其一剪断，然后分离留下的一支神经直至足趾处并剪断。保留与坐骨神经相连的一小段脊柱，其余组织均剪除。此时，即制成了坐骨神经干标本。将标本浸于任氏液中，待其兴奋性稳定后开始实验。

2. 连接标本与实验仪器

（1）棉球蘸任氏液擦拭神经屏蔽盒内的电极，将标本的脊柱端置于屏蔽盒的刺激电极端（即 0 刻度端），其神经部分横搭在各个电极上（图 5-9 为神经屏蔽盒）。

（2）取出 BL-420 生物机能实验系统专用的刺激电极，将其插头插在主机"刺激"接口中，另一端的两个鳄鱼夹分别夹在屏蔽盒左侧的两个刺激接口上。红色接正极，黑色接负极，保持两鳄鱼夹的间距为 1cm。

（3）取出 BL-420 生物机能实验系统专用的生物电信号引导电极。引导电极的一端是一个 5 芯插头，将该插头与主机的 1 通道相连；另一端有三个不同颜色的鳄鱼夹，其中黑色的夹子用于接地，夹在屏蔽盒的接地接

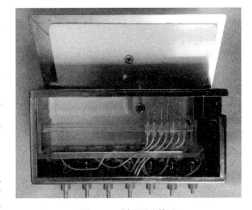

图 5-9　神经屏蔽盒

口上，并和屏蔽盒本身的接地鳄鱼夹对应接在同一电极上；红色的夹子引导正电信号，黄色的夹子引导负电信号，分别夹在屏蔽盒的两个接收电极接口上（红、黄鳄鱼夹的连接位置可以任选，但要保证间距为 1cm，且所接的电极上搭有神经）。

（4）打开计算机，进入 BL-420 生物机能实验系统，在菜单栏中单击"实验项目"按钮，在"肌肉神经实验"中选择"神经干动作电位的引导"，进入该实验模块。此时 1 通道的信号类型位置已标注为"动作电位"。

3. 观察项目

（1）基强度的测定：鼠标左键单击显示器左上方工具栏下面的"打开刺激器设置对话框"按钮，弹出刺激器设置对话框（图 5-7）。选择对话框中的"设置"面板，在"模式"下拉菜单中选择"细电压"；在"方式"下拉菜单中选择"单刺激"；"波宽"设定为 30ms；"强度 1"设定为 0.005V。单击"启动 / 停止刺激"按钮，对标本进行一个单个的刺激，观察 1 通道中是否有动作

电位曲线产生。

逐渐增大刺激强度，直至刚好出现动作电位曲线。此时的刺激强度即为基强度。记录此时的曲线状态及刺激强度、波宽等各项参数。

（2）时值的测定：增大刺激强度，使之正好为刚刚测得的基强度的 2 倍，可见产生的动作电位幅值增大。然后再逐渐减小刺激波宽，使 1 通道中刚好产生一个小小的动作电位，此时的波宽时间即为神经干中 Aα 类纤维的时值。

（3）强度 - 时间曲线的描记：将刺激强度分别调至基强度的 1.25、1.5、1.75、2、3、5、10 倍，反复调整相应的波宽值，给出刺激，观察 1 通道曲线的变化，逐个测出不同刺激强度时各自刚好产生动作电位的最小波宽。记录刺激强度、波宽等各项参数。

（4）根据上面测得的一系列数据，以 x 轴代表刺激作用时间，y 轴代表刺激强度，在结果就表中绘出强度 - 时间曲线，并标出基强度、利用时和时值。

【实验结果分析表】

根据上述实验结果填写表 5-3。

表 5-3　实验结果

G:　　　T:　　　F:	基强度:　　　　　　时值:		
	刺激强度	波　　宽	强度 - 时间曲线
1.25 倍基强度			
1.5 倍基强度			
1.75 倍基强度			
2 倍基强度			
3 倍基强度			
5 倍基强度			
10 倍基强度			

【注意事项】

1. 标本的神经部分一定要尽量长一些，并应仔细清除附着于神经干上的结缔组织及血管。

2. 神经在屏蔽盒中摆放时不可折叠，并应与各个电极接触良好。

3. 实验过程中屏蔽盒盖应保持关闭。

【思考题】

强度 - 时间曲线可以说明什么问题？

（刘　畅　魏　琳）

第 5 节　神经干复合动作电位的观察与记录

【实验目的】

学习生物电活动的细胞外记录法；观察坐骨神经干动作电位的基本波形、潜伏期、幅值以及时程。

【实验原理】

神经组织属于可兴奋组织，其兴奋的客观标志是产生动作电位，即当受到有效刺激时，膜电位在静息电位的基础上将发生一系列的快速、可逆、可扩布的电位变化。

动作电位可以沿着神经纤维传导。在神经细胞外表面，已兴奋的部位带负电，未兴奋的部位带正电，采用电生理学实验方法可以引导出此电位差或电位变化。根据引导的方式不同，所记录到的动作电位可呈现单向或双向的波形。

由于坐骨神经干是由许多神经纤维组成的，所以其产生的动作电位是众多神经纤维动作电位的叠加，即为一个复合动作电位。这些神经纤维的兴奋性是不同的，所以在一定范围内增大刺激强度可以使电位幅度增大，这与单一细胞产生的动作电位是有区别的。本实验所引导出的动作电位即为坐骨神经干的复合动作电位。

【实验对象】

蟾蜍或蛙。

【实验材料】

两栖类动物手术器械 1 套、蛙尸缸、滴管、平皿、BL-420 生物机能实验系统、神经屏蔽盒、刺激电极、引导电极、任氏液、10% KCl 溶液、滤纸片。

【实验步骤】

1. 制备蟾蜍的坐骨神经干标本（参见本章第 4 节）。将标本浸泡在任氏液中，待其兴奋性稳定后开始实验。

2. 接标本与实验仪器，方法同本章第 4 节。

3. 打开计算机，进入 BL-420 生物机能实验系统，开始实验数据的采集。

（1）菜单条中单击"实验项目"按钮，在"肌肉神经实验"中选择"神经干动作电位的引导"，进入该实验模块。此时 1 通道的信号类型位置已标注为"动作电位"。

（2）观察双向动作电位：在窗口下方刺激器栏中将"方式"设定为"单刺激"，"强度"设定为 1.5V，之后单击右侧的"启动 / 停止刺激"按钮，此时在 1 通道中可观察到一个刺激伪迹和随后出现的双向动作电位。此双向动作电位的第一相和第二相的方向相反（先上后下），注意两者是否对称。

（3）观察单向动作电位：用一小块浸有 10% KCl 溶液的滤纸片贴附在后一个记录电极上或用眼科镊夹伤两个记录电极之间的神经，按（2）中的刺激条件给予刺激，可见到双向动作电位的第二相逐渐减小，数分钟后完全消失。此时得到的即为单向动作电位。

（4）刺激强度与复合动作电位幅度的关系：用上述记录单向动作电位的方法进行如下实验。

1）单击"打开刺激器设置对话框"，选择对话框中的"设置"面板，在"模式"下拉菜单中选择"细电压"；在"方式"下拉菜单中选择"单刺激"。将强度调整为最小值即 0.005V，并开始刺激。注意观察此时 1 通道中是否有动作电位波形出现。之后逐渐增大刺激强度，并仔细观察，直至当强度增大到某一特定数值时波形突然出现，标志着此时在神经干中兴奋性最好的某个神经纤维发出了一个动作电位。那么引起这第一个动作电位的刺激强度即为该神经纤维的阈值；该刺激称阈刺激。

2）进一步增大刺激强度，观察不同神经纤维共同产生的复合电位的幅度以及刺激伪迹的变化。待复合电位的幅度不再随刺激强度增大时，记录此时的刺激强度值，即为最大刺激。再继续增大刺激强度，观察波形是否变化。

【参数设定】

实验参数详见表 5-4（可据实际情况调整各参数）。

表 5-4　实验参数

采样参数	通　　道	电极类型	增益选项	时间常数	滤波调节	扫描速度	50Hz 滤波
	1	引导电极	200	DC	10k	0.63ms/div	关
刺激器参数	刺激模式	刺激方式	延时	波宽	波间隔	频率	强度
	粗电压	单刺激	—	—	—	—	0.5V

【注意事项】

同本章第 4 节。

【思考题】

1. 采用细胞外记录法所记录的神经干动作电位的原理是什么？

2. 在引导神经干双相动作电位时，为什么动作电位的第一相的幅值比第二相的幅值大？

3. 在实验中，神经干复合动作电位的幅值可在一定范围内随刺激强度的增加而增大，这与"全或无"定律矛盾吗？

（刘　畅　史文婷）

第 6 节　神经冲动传导速度的测定

【实验目的】

了解神经冲动传导速度测定的基本原理和方法。

【实验原理】

神经组织兴奋的标志是产生动作电位。动作电位可以沿着神经纤维传导，其传导方式根据神经纤维的特性而分成局部电流和跳跃式传导两种，传导的速度取决于神经纤维的直径、温度、有无髓鞘等因素。此实验中我们采用的坐骨神经干为混合性神经，刺激该标本所产生的应为复合动作电位，也就是由一些不同阈值、传导速度和不同幅度的单一动作电位所总和而成的电位变化。

如果用电生理学实验方法记录神经干动作电位，测算出电位在神经干上传播的距离和所需时间，即可计算出冲动在神经上传导的速度。

【实验对象】

蟾蜍或蛙。

【实验材料】

两栖类动物手术器械 1 套、蛙尸缸、滴管、平皿、BL-420 生物机能实验系统、神经屏蔽盒、刺激电极、引导电极、任氏液。

【实验步骤】

1. 标本的制备　制备蟾蜍的坐骨神经干标本（参见本章第 4 节），浸泡于任氏液中，待其兴奋性稳定后开始实验。

2. 连接标本与实验仪器　方法同本章第 4 节。

（1）打开计算机，进入 BL-420 生物机能实验系统，开始实验数据的采集。

（2）菜单栏中单击"实验项目"按钮，在"肌肉神经实验"中选择"神经干兴奋传导速度的测定"。进入该实验模块，将弹出"传导电极距离输入对话框"，在其中输入屏蔽盒中刺激电极与引导电极之间的距离（0.5～5cm），按"确定"按钮。此时 1 通道和 2 通道的信号类型位置均已标注为"动作电位"。

（3）用鼠标左键单击通道右方代表"专用信息显示区"的浅蓝色灯泡图标，在其下"传导速度"框中即可读出神经干动作电位的传导速度数值，单位 m/s。

（4）在窗口下方刺激器栏中将"方式"设定为"单刺激"，"强度"设定为"1V"，之后单击右侧的"启动 / 停止刺激"按钮，再次读出传导速度的数值。

（5）重复步骤（3）数次，将读数取平均值。

【参数设定】

实验参数详见表 5-5（可据实际情况调整各参数）。

采样参数	通　道	电极类型	增益选项	时间常数	滤波调节	扫描速度	50Hz 滤波
	1	引导电极	500	DC	10k	1.25ms/div	关
刺激器参数	刺激模式	刺激方式	延时	波宽	波间隔	频率	强度
	粗电压	单刺激	—	—	—	—	0.5V

【注意事项】

同本章第 4 节。

【思考题】

本实验所测得的传导速度能否代表该神经干所有纤维的传导速度？为什么？

（刘　畅　白金萍）

第 7 节　神经干不应期的测定

【实验目的】

了解测定神经干不应期的原理和方法；观察神经纤维在一次兴奋过程中其兴奋性变化的规律。

【实验原理】

可兴奋组织在接受一次刺激而兴奋后，其兴奋性会发生周期性的变化，依次经历绝对不应期、相对不应期、超常期和低常期，然后再恢复到正常的兴奋性水平。兴奋性的高低或有无，可以通过阈值的大小来衡量。采用前后两个刺激，第一个刺激称为"条件刺激"，用来引起神经的一次兴奋；第二个刺激称为"测试刺激"，用来测定神经兴奋性的改变。通过调节条件刺激与测试刺激之间的时间间隔，来测定神经纤维的绝对不应期。

【实验对象】

蟾蜍或蛙。

【实验材料】

两栖类动物手术器械 1 套、滴管、BL-420 生物机能实验系统、神经屏蔽盒、刺激电极、接收电极、任氏液。

【实验步骤】

1．制备坐骨神经干标本（参见本章第 4 节）。

2．连接实验仪器装置（方法同本章第 4 节）。

3．打开计算机，进入 BL-420 生物机能实验系统，开始实验数据的采集。

（1）菜单栏中单击"实验项目"按钮，在"肌肉神经实验"中选择"神经干兴奋不应期测定"。进入该实验模块，将弹出"设置神经干兴奋不应期实验参数"对话框。

在此对话框中设置起始波间隔为 5ms，波间隔减量为 0.5ms，刺激时间间隔为 5s，并选择"实验方式"为"程控"。单击"确定"，则开始不应期的测定。

（2）测定开始后，BL-420 生物机能实验系统将自动给出间隔为 5ms 的双刺激，其第一、第二强度均默认为 1mV，观察此时 1 通道出现的两个同样幅度的动作电位波形。

（3）此后每隔 1s，系统自动给出下一个双刺激，其间隔较前一双刺激缩短 0.5ms，强度不变，观察此时波形是否出现变化。

（4）相对不应期：在第二个动作电位波形幅度开始降低的瞬间记录此时的刺激间隔，之后继续观察，记录第二个动作电位波形消失时的刺激间隔。这个区间即为动作电位的相对不应期。

（5）绝对不应期：随着刺激间隔的缩短，第二个刺激落在第一个动作电位的整个上升支和下降支的开始阶段时，在"打开刺激器设置对话框"中增大第二个刺激的强度，也不能够引发第二个动作电位，即为绝对不应期。

（6）恢复：刺激间隔达到 0.5ms 时，立即将两个刺激强度改回 1mV，系统将再次给出间隔为 5ms 的等强度双刺激。在 1 通道中又出现了两个相等幅度的动作电位波形，表明其兴奋性已恢复。

【注意事项】

同本章第 4 节。

【思考题】

1. 组织发生兴奋后，其兴奋性的周期性变化有哪些？

2. 神经干不应期与单根神经纤维的不应期有何不同？

（刘　畅　王晓燕）

第6章 血液实验

第1节 红细胞比容的测定

【实验目的】

学习红细胞比容的测定方法。

【实验原理】

红细胞在血液中所占的容积百分比称为红细胞比容。将一定量的抗凝血置于 2.5mm 的比容管中，用离心沉淀的方法使血细胞与血浆分离。离心后，红细胞下沉，彼此压紧而又不改变每一个红细胞的正常形态，根据比容管上的刻度计算出红细胞的比容。正常成年男性为 40%～50%，女性为 37%～48%。

【实验对象】

人或家兔。

【实验材料】

离心机、抗凝试管、试管架、比容管、毛细吸管、止血带、消毒注射器、碘伏棉球。

【实验步骤】

1. 采血 如采集人血，用消毒而又干燥的注射器和针头由肘正中静脉抽取；如用家兔血可从颈总动脉放血。取血 2mL，立即将血液沿管壁缓缓注入已经过抗凝处理的干燥试管中，用拇指堵住管口，轻轻倒转 2～3 次，使血液与抗凝剂充分混合。用吸管从试管内吸取抗凝的全血，然后将吸管插入比容管底部，慢慢将血液注入比容管至刻度"10"为止。

2. 离心 用天平平衡，使离心机旋转轴两侧相应的两个套筒及其内容物的总重量相等，开动离心机，逐渐加速，最后加速至 3000r/min，离心 30min，再使转速逐渐减慢而停止。

【观察项目】

取出比容管仔细观察，可见下段深红色血柱为红细胞；上段淡黄色液体为血浆；在两段之间有一白色薄层为白细胞和血小板。自下而上读取红细胞所在的刻度即为红细胞的比容。

【注意事项】

1. 抗凝剂要新鲜，器皿均应清洁干燥。

2. 自采血起，应在 2h 内完成实验，以免溶血和水分蒸发，影响红细胞比容。

【思考题】

测定红细胞比容的生理意义是什么？

（王　微　王冰梅）

第2节 红细胞渗透脆性测定

【实验目的】

学习红细胞渗透脆性的测定方法；了解细胞外液的渗透压对维持细胞正常形态和功能的重要性。

【实验原理】

在临床或生理实验中使用的各种溶液，其渗透压与血浆渗透压相等的称为等渗溶液，如5%葡萄糖溶液和0.9%氯化钠溶液；其渗透压高于或低于血浆渗透压的称为高渗溶液或低渗溶液。红细胞在等渗溶液中其形态和大小可保持不变。若将红细胞置于渗透压递减的一系列低渗盐溶液中，红细胞逐渐胀大甚至破裂而发生溶血。正常红细胞膜对低渗盐溶液具有一定的抵抗力，这种抵抗力的大小可作为红细胞渗透脆性的指标。对低渗盐溶液抵抗力小，表示渗透脆性高，红细胞容易破裂；反之，表示脆性低。正常人的红细胞一般在0.40%~0.44%氯化钠溶液中开始溶血，该浓度氯化钠溶液表示血液中抵抗力最小的红细胞发生溶血，在0.32%~0.36%氯化钠溶液中完全溶血，该浓度氯化钠溶液表示血液中抵抗力最大的红细胞也发生溶血。前者代表红细胞的最大脆性，后者代表红细胞的最小脆性。

【实验对象】

人或家兔。

【实验材料】

试管架、小试管10支（10mm×75mm）、2mL吸管3支、2mL注射器及8号针头、棉签、1%氯化钠溶液、蒸馏水、碘伏。

【实验步骤】

1. 制备不同浓度的低渗盐溶液　取干燥洁净的小试管10支，编号排列在试管架上，按表6-1所示，分别向试管内加入1%氯化钠溶液和蒸馏水并混匀，配制成0.70%~0.25%的10种不同浓度的氯化钠低渗溶液。

表 6-1　低渗氯化钠溶液的配制及浓度

试　剂	1	2	3	4	5	6	7	8	9	10
1% 氯化钠溶液 /mL	1.40	1.30	1.20	1.10	1.00	0.90	0.80	0.70	0.60	0.50
蒸馏水 /mL	0.60	0.70	0.80	0.90	1.00	1.10	1.20	1.30	1.40	1.50
氯化钠浓度 /%	0.70	0.65	0.60	0.55	0.50	0.45	0.40	0.35	0.30	0.25

2. 采血　用干燥的2mL注射器从家兔心脏取血1mL（如采人血则须严格消毒，从肘正中静脉取血1mL），立即依次向10支试管内各加1滴血液，轻轻颠倒混匀，切勿用力振荡，室温下静置1h，然后根据混合液的色调进行观察。

【观察项目】

1. 如果试管内液体下层为混浊红色，上层为无色透明，说明红细胞完全没有溶血。

2. 如果试管内液体下层为混浊红色，而上层出现透明红色，表示部分红细胞破裂，称为不完全溶血。

3. 如果试管内液体完全变成透明红色，说明红细胞全部破裂，称为完全溶血。此时该溶液浓度即为红细胞最大抵抗力。

4. 记录红细胞脆性范围，即最小抵抗力时的溶液浓度和最大抵抗力时的溶液浓度。

【注意事项】

1. 不同浓度的低渗氯化钠溶液的配制应准确。

2. 小试管必须清洁干燥。

3. 在光线明亮处进行观察。

4. 为使各管加血量相同，加血时持针角度应一致。

5. 血液滴入试管后，立即轻轻混匀，避免血液凝固和假象溶血。

【思考题】

1. 为什么同一个体不同红细胞的渗透脆性不同？

2. 测定红细胞渗透脆性有何临床意义？

3. 输液时为何要输等渗溶液？

4. 为什么在一定范围内的低渗溶液中，红细胞并不发生溶血？

（王　微　刘　畅）

第 3 节　红细胞沉降率实验

【实验目的】

学习血沉的魏氏（Westergen）测量法。

【实验原理】

将加有抗凝剂的血液置于一支小直管（血沉管）中，室温下静置 1h，由于红细胞的比重比血浆大，故红细胞因重力下沉，通常以第 1h 末红细胞下沉的距离来表示红细胞沉降的速度，称为红细胞沉降率，简称血沉。血沉的快慢取决于红细胞是否相互叠连，而红细胞的叠连主要取决于血浆的成分。临床上某些疾病可引起血沉加快。因此，红细胞沉降率实验具有临床诊断意义。

【实验对象】

人或家兔。

【实验材料】

魏氏沉降管、血沉固定架、试管架、2mL 吸管、小吸管、5mL 注射器及 8 号针头、棉签、碘伏棉球、3.8% 柠檬酸钠溶液。

【实验步骤】

1. 将 3.8% 柠檬酸钠溶液 0.4mL 加入小试管内。从家兔颈总动脉取血 2mL（若采人血则须严格消毒，从肘正中静脉取血 2mL），将 1.6mL 血液注入加有抗凝剂的小试管内，轻轻颠倒小试管 3~4 次，使血液与抗凝剂充分混匀。

2. 用干燥的魏氏沉降管从小试管内吸血至刻度"0"点为止，管内不能有气泡，拭去下端管口外面的血液。

3. 将沉降管垂直静置于固定架上并计时。

【观察项目】

静置 1h 后，读取红细胞下沉的毫米数，该值即为血沉值（mm/h）。

【注意事项】

1. 抗凝剂应新鲜配制，血液与抗凝剂的容积比为 4∶1。

2. 一切器具均应清洁干燥。

3. 自采血时起，应在 2h 内完成实验，否则会影响结果的准确性。

4. 若红细胞上端成斜坡或尖锋形时，应读取斜坡部分的中点数值。

【思考题】

1. 为什么红细胞能比较稳定地悬浮于血浆中？

2. 影响血沉的因素有哪些？

3. 如何通过实验证明血沉的快慢取决于血浆因素而不是红细胞因素？

（杜　联）

第4节　影响血液凝固的因素

【实验目的】

观察了解血液凝固的基本过程及影响因素。

【实验原理】

血液由流动的溶胶状态变成不能流动的凝胶状态，这一过程称血液凝固。血液凝固过程可分为三个阶段：凝血酶原激活物的形成、凝血酶原激活成凝血酶、纤维蛋白原转变为纤维蛋白。血液凝固过程受许多理化因素和生物因素的影响。当控制这些因素时，便能加速、延缓，甚至阻止血液凝固。

【实验对象】

家兔。

【实验材料】

小试管、滴管、1mL吸管，100mL烧杯、温度计、恒温水浴、冰块、3%氯化钙溶液、20%氨基甲酸乙酯、3.8%柠檬酸钠溶液、生理盐水。

【实验步骤】

1. 家兔颈总动脉插管　从家兔耳缘静脉缓慢注入20%氨基甲酸乙酯（5mL/kg），待其麻醉后，仰卧位固定于手术台上。剪去颈部的毛，沿正中线切开颈部皮肤5～7cm，分离皮下组织和肌肉，暴露气管，在气管两侧的深部找到颈总动脉，分离出一侧颈总动脉，在其下穿过两条线，一线将颈总动脉于远心端结扎，另一线备用（供固定动脉插管用）。在颈总动脉近心端用动脉夹夹闭动脉，然后在远心端结扎的下方用眼科剪作一斜切口，向心脏方向插入动脉插管，用丝线固定。需要放血时开启动脉夹即可。

2. 制备肺组织浸液　取新鲜家兔肺脏，洗净血液，剪成小碎块置于烧杯中。在烧杯中加入3～4倍生理盐水混匀，过滤后，置于4℃冰箱中备用。

【观察项目】

1. 观察纤维蛋白原在凝血过程中的作用　取100mL烧杯1只，自家兔颈总动脉放血，边放血边用竹签按同一方向搅拌，使凝血过程中产生的纤维蛋白缠绕到竹签上，直到血液中的纤维蛋白全部除去。用水轻轻冲洗竹签上的血。观察纤维蛋白的形状和颜色，以及去纤维蛋白的血液是否会凝固。

2. 血液凝固的加速和延缓　取干净的小试管6支并编号1、2、3、4、5、6。按表6-2准备各种不同的实验条件。由颈总动脉放血，各管加血1mL，每30s倾斜试管一次，直到血液凝固而不再流动为止。记录血液凝固时间，填入表6-2。

表6-2　影响血液凝固的因素

因　素	实验条件	凝血时间	结果分析
物体表面	棉花少许		
	以石蜡油润滑整个试管内表面		
环境温度	37℃水浴		
	浸在盛有碎冰块的烧杯中		
生物	肝素8U（加血后摇匀）		
化学	草酸钾1～2mg（加血后摇匀）		
	3.8%柠檬酸钠（加血后摇匀）		

3. 内源性及外源性凝血时间比较 取干净的小试管4支并编号1、2、3、4，按表6-3所示的实验条件进行操作，比较血液凝固时间。

表6-3 内源性及外源性凝血时间比较

项目	第一管	第二管	第三管	第四管
去纤维蛋白原血 /mL	0.2	—	—	—
血液 /mL	—	0.2	0.2	—
生理盐水 /mL	0.2	0.2	—	—
肺组织浸液 /mL	—	—	0.2	0.2
20%CaCl$_2$ 溶液 /mL	0.2	0.2	0.2	0.2
凝血时间 /s				

【注意事项】

1. 准确记录凝血时间。

2. 不应过于频繁摇动试管，应每隔30s将试管倾斜，试管内血液不再流动为已凝固的标准。

3. 每管滴加试剂的量要一致。

【思考题】

1. 分析本实验每一项结果产生的原因。

2. 根据本实验观察项目的结果比较血液凝固的内源性途径与外源性途径的区别是什么。

（杜 联 王 微）

第5节 出血时间测定

【实验目的】

本实验的目的是学习出血时间的测定方法并了解其临床意义。

【实验原理】

出血时间是指从刺破皮肤引起毛细血管破损后，血液自行流出到出血自行停止所需的时间。当毛细血管和小血管受到损伤时，受损伤的血管立即收缩，局部血流减慢，血小板发生黏着与聚集，同时血小板释放血管活性物质及ADP，形成血小板血栓，有效堵住伤口，使出血停止。因此，测定出血时间可了解毛细血管的功能及血小板的质和量是否正常。

正常人的出血时间为1～4min。出血时间延长常见于血小板数量减少和血小板功能异常的患者，偶见于毛细血管有缺陷的患者。

【实验对象】

人。

【实验材料】

采血针、吸水纸、秒表、消毒棉球、碘伏棉球。

【实验步骤】

1. 用碘伏棉球消毒耳垂或无名指端，待干燥后，用消毒采血针刺入2～3mm深，让血液自然流出，勿挤压，自血液流出时起计算时间。

2. 每隔30s用吸水纸吸干流出的血液一次，直至无血液流出。注意吸水纸勿接触伤口，以免影响结果的准确性。

【观察项目】

记录开始出血至止血的时间，或计算吸水纸上的血点数并除以 2 即为出血时间。

【注意事项】

1. 刺血过程应严格消毒，采血针要一人一针，不能混用。

2. 针刺皮肤不要太浅，使血自然流出，不要挤压。

3. 如果出血时间超过 15min，应停止实验，进行止血。

【思考题】

1. 生理性止血过程包括什么？

2. 什么情况下出血时间延长？

3. 出血时间延长的患者，凝血时间是否一定延长？

（王　微　杜　联）

第 6 节　凝血时间测定

【实验目的】

了解凝血时间的测定方法及临床意义。

【实验原理】

血液离体后接触带负电荷的表面（如玻璃器材）时，凝血过程启动，一系列凝血因子相继激活，最后使纤维蛋白原转变为纤维蛋白，完成血液凝固。

凝血时间是指血液从离开血管后至完全凝固所需的时间。凝血时间的长短取决于凝血因子的量与活性，而受血小板的数量及毛细血管的脆性影响较小。凝血时间延长，表示凝血功能失常，往往是由于血浆中缺乏某种凝血因子所致。严重的血小板减少也可使凝血时间延长。临床上某些血液病如血友病、维生素 K 缺乏症的鉴别，需要测定凝血时间。凝血时间正常值：玻片法 2～5min，试管法 4～12min。

【实验对象】

人。

【实验材料】

采血针、玻片、秒表、棉球、棉签、试管架、小试管、消毒 5mL 注射器、碘伏棉球。

【实验步骤与项目观察】

1. 玻片法　用碘伏棉球消毒耳垂或指尖，用消毒的采血针刺入 2～3mm 深，让血自然流出，用干棉球轻轻拭去第一滴血液，待血液重新自然流出，立即开始计时，以清洁干燥的载玻片接取血液一大滴（直径 5～10mm），2min 后，每隔 30s 用针尖轻挑血一次，直至挑起细纤维蛋白丝为止，所需时间即为凝血时间。

2. 试管法　取 3 支洁净小试管，排列于试管架上。碘伏棉球消毒皮肤，由静脉采血。当血液进入注射器后即换另一支注射器（不要拔出针头）抽血，并立即开动秒表计时，抽血 3mL。取下注射器针头，沿管壁缓缓注血入 3 支小试管中，每管 1mL，置于 37℃水浴中。于血液离体后 4min，每隔 30s 将第 1 管倾斜 1 次（约 30°），观察血液是否流动，直至试管倒置血液不再流动（凝固）为止，以同样方法再依次观察第 2 管、第 3 管，以第 3 管的凝固时间作为凝血时间。

【注意事项】

1. 用针挑血时，应沿一定方向自血滴边缘向里轻挑，勿多方向不停地挑动，以致破坏血液凝固的纤维蛋白网结构，造成不凝的假象。

2. 同时做出血时间和凝血时间测定，一般在不同部位刺两针分别进行采血。但如果第一针自然流血较多，也可一大滴接血作凝血时间测定，30s 后，用滤纸吸血测定出血时间。

3. 采用试管法时，试管必须清洁、干燥、内径一致，静脉采血要顺利，不得混入组织液，血液不能产生泡沫，倾斜试管动作要轻，角度要小，尽量减少血液与管壁接触的面积。

【思考题】
1. 出血时间和凝血时间有何不同？
2. 测定凝血时间有何临床意义？

（王　微　李驰坤）

第 7 节　血型的鉴定

【实验目的】
1. 掌握 ABO 血型和 Rh 血型鉴定的原理和基本方法。
2. 掌握血型划分的依据及输血的一般原则。

【实验原理】
　　血型通常是指红细胞膜上特异性抗原的类型。血型与输血密切相关，当不相容的两种血液混合时，血清中的抗体（凝集素）可与红细胞膜上相应的抗原（凝集原）结合，发生红细胞凝集现象。因此输血前必须进行血型鉴定和交叉配血实验，以确保安全。

　　ABO 系统和 Rh 系统是最具临床意义的血型系统。根据红细胞膜上是否存在凝集原 A 和凝集原 B 可将血液区分为 A、B、AB、O 四种血型，即为 ABO 血型系统。Rh 阳性和阴性的区分通常以红细胞膜上是否含有 D 抗原来判断。

【实验材料】
　　载玻片、双凹片、一次性采血针、标准血清（抗 A、抗 B 血清）、抗 Rh 血清（抗 D 血清）、Rh 血型鉴定盒、酒精棉球、牙签、蜡笔、显微镜。

【实验步骤与观察项目】
1. 在双凹片左下角标注"抗 A"，右下角标注"抗 B"。在载玻片的下端标注"抗 Rh"。
2. 在双凹片的左半区滴 1 滴抗 A 血清，右半区滴 1 滴抗 B 血清；在载玻片的中央滴 1 滴抗 Rh 血清。
3. 用酒精棉球消毒指尖，采血针刺破后擦去第一滴血，随后分别各取 1 滴血滴在双凹片的左右两侧和载玻片的中央。用牙签迅速搅匀样品。将载玻片置于 Rh 血型鉴定盒上轻轻摇动（Rh 血型鉴定所需温度比 ABO 血型鉴定略高）。
4. 2min 后观察 3 个样品中有无块状凝结物产生（图 6-1），记录观察结果。
5. 根据双凹片的观察结果，判断出 ABO 血型系统中的血型。若在载玻片中央样本观察到凝块，说明血样属 Rh 阳性，若无则为 Rh 阴性。记录实验结果。

【注意事项】
1. Rh 血型鉴定阳性的凝块细小，应在显微镜下观察。
2. 操作时，不同的血清使用的滴管和搅拌用的牙签应严格区分，避免互相污染。

【思考题】
1. 根据自己的血型，说明你能接受何种血型输血和能将血液输给何种血型的人。
2. 过去说 AB 型血的人是"万能受血者"，此种说法的依据是什么？有何不足？需要输血时，哪些血型系统是必须考虑的？

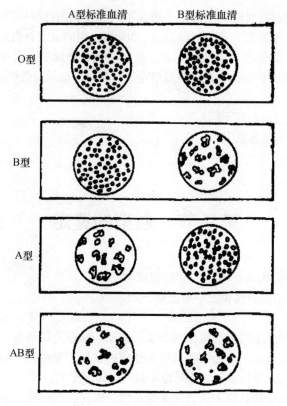

图 6-1　ABO 系统样本示意

（史文婷　孟　超）

第7章　循环系统实验

第1节　在体蛙类心脏起搏点的分析及传导阻滞

【实验目的】

采用斯氏结扎法观察蛙心起搏点，并分析心脏兴奋传导顺序。

【实验原理】

心脏特殊传导系统具有自律性，不同部位的自律组织其自律性不同。哺乳类动物窦房结自律性最高，依次降低，浦肯野纤维最低。正常心脏兴奋传导由窦房结开始，经心肌特殊传导组织相继引起心房、心室的兴奋和收缩。哺乳类动物的心脏起搏点是窦房结，两栖类动物的心脏起搏点是静脉窦。

【实验对象】

蛙或蟾蜍。

【实验材料】

两栖类动物手术器械、棉球、丝线、任氏液。

【实验步骤】

1. 取蟾蜍，用金属探针破坏中枢神经系统，仰卧位固定于蛙板。

2. 自剑突向两侧角方向手术，打开胸腔，剪去胸骨，暴露心脏。

3. 剪开心包膜，识别心房、心室、房室沟、动脉圆锥、动脉干、静脉窦、窦房沟（半月线）。观察静脉窦、心房和心室的活动顺序及各部位跳动的频率。蛙心外形参见图7-1。

4. 在主动脉干下穿线备用。

【观察项目】

1. 观察静脉窦、心房、心室每分钟跳动的次数及跳动的顺序，并计数。

2. 按图7-2所示，在静脉窦和心房交界的半月形白线（窦房沟）处用线结扎（斯氏第一扎），观察到心房和心室停跳，但静脉窦仍在跳动。

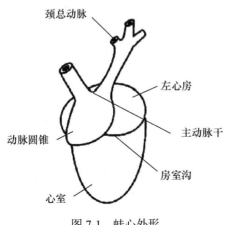

图 7-1　蛙心外形

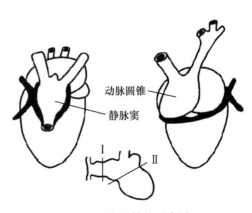

图 7-2　斯氏结扎示意图

Ⅰ．斯氏第一结扎；Ⅱ．斯氏第二结扎

3. 在第一结扎后，经 15～30min，房室可恢复跳动（为促其恢复，可用镊子柄轻叩房室交界区）。分别计数静脉窦、心房和心室跳动频率，注意是否一致。

4. 于房室沟进行第二结扎（斯氏第二扎），观察并计数静脉窦、心房、心室跳动情况。

比较第一和第二结扎前后，静脉窦、心房、心室跳动频率，将实验结果填入表 7-1，分析心脏各部分的自律性及传导顺序。

表 7-1　实验结果记录表　　　　　　　　　　　　　　　　次/分

项目	静脉窦	心　房	心　室
结扎前			
第一扎			
第二扎			

【注意事项】

1. 破坏中枢要彻底，防止上肢肌紧张，影响暴露手术野。

2. 实验中经常用任氏液湿润心脏。

3. 第一结扎时，注意勿扎住静脉窦。第一结扎后，如心房、心室长时间不恢复跳动，可提前进行第二结扎而促使心房、心室恢复跳动。

【思考题】

1. 本次实验能否证实心房和心室的特殊传导组织具有自动节律性？为什么？

2. 正常心脏起搏点如何主导心脏的节律性活动？

（王晓燕　刘　畅）

第 2 节　蛙类心室肌的期前收缩与代偿间歇

【实验目的】

通过在心脏活动不同时期给予刺激，以验证心肌每兴奋一次其兴奋性发生周期性变化，观察心肌不应期、期前收缩和代偿间歇，并分析其机制。

【实验原理】

心肌每兴奋一次，其兴奋性就发生一次周期性的变化。心肌兴奋性周期性变化的特点在于其有效不应期特别长，约相当于整个收缩期和舒张早期。因此，在心脏的收缩期和舒张早期内，任何刺激均不能引起心肌兴奋和收缩。但在舒张早期以后，一次较强的阈上刺激就可以在正常节律性兴奋到达心肌以前产生一次提前出现的兴奋和收缩，称为期前兴奋和期前收缩。同理，期前兴奋也有不应期。因此，下一次正常的窦性节律性兴奋到达时正好落在期前兴奋的有效不应期内，便不能引起心肌兴奋和收缩，这样，期前收缩之后就会出现一个较长的舒张期，称为代偿间歇。

【实验对象】

蛙或蟾蜍。

【实验材料】

两栖类动物手术器械、万能支台、张力换能器、滴管、蛙心夹、双凹夹、刺激电极、BL-420 生物机能实验系统、任氏液。

【实验步骤】

1. 蛙心标本制备

（1）取蟾蜍，破坏脑和脊髓，仰卧位固定于蛙板上。从剑突下将胸部皮肤向两侧角方向剪开

（或剪掉），再剪掉胸骨，打开心包，暴露心脏。

（2）将连有丝线的蛙心夹在心室舒张期夹住心尖，蛙心夹的线头连至张力换能器的悬梁臂。此线应有一定的紧张度。将刺激电极固定于万能支台，使其两极与心室接触。

2. 连接实验仪器装置　张力换能器接 BL-420 生物机能实验系统的 1 通道（亦可选择其他通道）。刺激电极与生物机能实验系统的刺激输出相连。

3. 蟾蜍心室期前收缩与代偿间歇的观察　打开计算机，启动生物机能实验系统，单击菜单中的"输入信号"，在 1 通道选择"张力"。在实验项目中选"循环实验"，并在子菜单中选择"期前收缩与代偿间歇"。

【参数设定】

实验参数见表 7-2。

表 7-2　实验参数（可据实际情况调整各参数）

采样参数	通　　道	换能器类型	增益选项	时间常数	滤波调节	扫描速度	50Hz 滤波
	1	张力	100	DC	10k	1.00s/div	关
刺激器参数	刺激模式	刺激方式	延时	波宽	波间隔	频率	强度
	粗电压	单刺激	1ms	5ms	—	—	0.5V

【观察项目】

1. 描记正常蛙心的搏动曲线，观察曲线的收缩相和舒张相。

2. 用中等强度的单刺激分别在心室收缩期和舒张早期刺激心室，观察能否引起期前收缩。

3. 用同等强度的刺激在心室舒张早期之后刺激心室，观察有无期前收缩的出现。刺激如能引起期前收缩，观察其后是否出现代偿间歇。

【注意事项】

1. 破坏蟾蜍脑和脊髓要完全。

2. 蛙心夹与张力换能器间的连线应有一定的紧张度。

3. 注意滴加任氏液，以保持蛙心适宜的环境。

【思考题】

1. 在心脏的收缩期和舒张早期，分别给予心室肌中等强度的阈上刺激，能否引起期前收缩，为什么？

2. 在期前收缩之后为什么会出现代偿间歇？

3. 在什么情况下期前收缩之后可以不出现代偿间歇？

4. 心肌存在不应期的实验依据是什么？

（王晓燕　刘　畅）

第 3 节　离子和体液因素对离体蛙类心脏的影响

【实验目的】

学习离体蛙心的灌流方法，并观察 K^+、Na^+、Ca^{2+}、肾上腺素、乙酰胆碱、乳酸、$NaHCO_3$ 等体液因素对心脏活动的影响。

【实验原理】

作为蛙心起搏点的静脉窦能按一定节律自动产生兴奋，因此，只要将离体的蛙心保持在适宜的环境中，在一定时间内仍能产生节律性兴奋和收缩活动；另一方面，心脏正常的节律性活动有赖于内环境理化因素的相对稳定，若改变灌流液的成分，则可引起心脏活动的改变。

【实验对象】

蛙或蟾蜍。

【实验材料】

两栖类动物手术器械、任氏液、滴管、蛙心夹、蛙心插管、微调固定器、万能支台、滑轮、搪瓷杯、丝线、张力换能器、BL-420 生物机能实验系统、0.65% 氯化钠溶液、3% 氯化钙溶液、1% 氯化钾溶液、0.01% 肾上腺素溶液、0.01% 乙酰胆碱溶液、1% 乳酸溶液、2.5%NaHCO$_3$ 溶液。

【实验步骤】

1. 离体蛙心制备

（1）取蟾蜍，破坏脑和脊髓，仰卧位固定于蛙板上。从剑突下将胸部皮肤向两侧角方向剪开（或剪掉），然后剪掉胸骨，打开心包，暴露心脏。

（2）在主动脉干下方穿引两根线，一根在主动脉上端结扎，作为插管时牵引用，另一根则在动脉圆锥上方系一松结，用于结扎和固定蛙心插管。

（3）左手持左主动脉上方的结扎线，用眼科剪在松结上方左主动脉根部剪一小斜口，右手将盛有少许任氏液的大小适宜的蛙心插管由此剪口处插入动脉圆锥，当插管头部到达动脉圆锥时，再将插管稍稍后退，并转向心室中央方向，在心室收缩期插入心室。判断蛙心插管是否进入心室，可根据插管内任氏液的液面是否能随心室的舒缩而上下波动来定。如蛙心插管已进入心室，则将预先准备好的松结扎紧，并固定在蛙心插管的侧钩上，以免蛙心插管滑出心室。剪断主动脉左右分支。

（4）轻提起蛙心插管以抬高心脏，用一线在静脉窦与腔静脉交界处做一结扎，结扎线应尽量向下移，以免伤及静脉窦。在结扎线外侧剪断所有组织，将蛙心游离出来。

（5）用任氏液反复换洗蛙心插管内含血的任氏液，直至蛙心插管内无血液残留为止。此时，离体蛙心已制备成功，可供实验（图 7-3）。

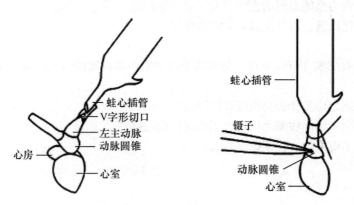

图 7-3　蛙心灌流示意图

2. 连接实验仪器装置

（1）将蛙心插管固定在万能支台上，用蛙心夹在心室舒张期夹住心尖，并将蛙心夹的线头连至张力换能器的悬梁臂上。此线应有一定的紧张度。

（2）张力换能器输出线接生物机能实验系统的 1 通道（亦可选择其他通道）。

3. 打开计算机，启动 BL-420 生物机能实验系统，单击菜单"实验/实验项目"，按计算机提示逐步进入"离体蛙心灌流"的实验项目。

【参数设定】

实验参数见表 7-3。

表 7-3 实验参数（可据实际情况调整各参数）

采样参数	通 道	换能器类型	增益选项	时间常数	滤波调节	扫描速度	50Hz 滤波
	1	张力	100	DC	10Hz	1.00s/div	开

【观察项目】

1. 描记正常的蛙心搏动曲线，注意观察心跳频率、强度及心室的收缩和舒张程度。

2. 把蛙心插管内的任氏液全部更换为 0.65% 氯化钠溶液，观察心跳变化。

3. 吸出 0.65% 氯化钠溶液，用任氏液反复换洗数次，待曲线恢复稳定状态后，再在任氏液内滴加 3% 氯化钙溶液 1~2 滴，观察心跳变化。

4. 将含有氯化钙的任氏液吸出，用任氏液反复换洗，待曲线恢复稳定状态后，在任氏液中滴加 1% 氯化钾溶液 1~2 滴，观察心跳变化。

5. 将含有氯化钾的任氏液吸出，用任氏液反复换洗，待曲线恢复稳定状态后，再在任氏液中加 0.01% 肾上腺素溶液 1~2 滴，观察心跳变化。

6. 将含有肾上腺素溶液的任氏液吸出，用任氏液反复换洗，待曲线恢复稳定状态后，再在任氏液中加 0.01% 乙酰胆碱溶液 1~2 滴，观察心跳变化。

7. 将含有乙酰胆碱溶液的任氏液吸出，用任氏液反复换洗，待曲线恢复稳定状态后，再在任氏液中加 1% 乳酸溶液 1~2 滴，观察心跳变化。

8. 将含有乳酸的任氏液吸出，用任氏液反复换洗，待曲线恢复稳定状态后，再在任氏液中加 2.5%$NaHCO_3$ 溶液 1~2 滴，观察心跳变化。

【注意事项】

1. 制备蛙心标本时，勿伤及静脉窦。

2. 上述各实验项目，一旦出现效应，应立即用任氏液换洗，以免心肌受损，并且必须待心跳恢复稳定状态后方能进行下一步实验。

3. 蛙心插管内液面应保持恒定，以免影响结果。

4. 加药品和换取任氏液必须及时做标记，以便分清项目观察效果。

5. 吸取任氏液和吸取蛙心插管内溶液的吸管应区分专用，不可混淆使用。而且，吸管不能接触蛙心插管，以免影响实验结果。

6. 化学药物作用不明显时，可再适量滴加，密切观察药物剂量添加后的实验结果。

【思考题】

1. 正常蛙心搏动曲线的各个组成部分分别反映了什么？

2. 用 0.65% 氯化钠溶液灌注蛙心时，将观察到心搏曲线发生什么变化？为什么？

3. 在任氏液中加入 3% 氯化钙溶液灌注蛙心时，将观察到心搏曲线发生什么变化？为什么？

（王晓燕 王冰梅）

第 4 节 蛙类微循环的观察

【实验目的】

本实验采用显微镜观察蟾蜍舌血管（小动脉、毛细血管和小静脉）的血流特点，同时观察某些化学物质对外周血管舒缩活动的影响。

【实验原理】

用显微镜直接观察蟾蜍舌（或蹼、肠系膜和肺）的微循环血液特点，小动脉内血流速度快，呈层流现象，即血细胞在血管中央流动；小静脉血流慢，无层流现象；而毛细血管管径小，血细胞只能单个通过，故可见单个血细胞流动情况。

【实验器材及药品】

有孔蛙板、两栖类动物手术器械、显微镜、玻璃罩、棉球、小烧杯、大头针；任氏液、0.01%肾上腺素溶液、0.01%乙酰胆碱溶液、20%氨基甲酸乙酯溶液。

【实验对象】

蟾蜍或蛙。

【实验步骤】

1. 取蟾蜍，在皮下淋巴囊以2.5g/kg体重剂量注射氨基甲酸乙酯溶液（或在玻璃罩内用乙醚麻醉），腹位固定于有孔蛙板上。

2. 将蟾蜍的舌拉出，用大头针在舌边缘呈放射状固定到有孔蛙板上（图7-4）。

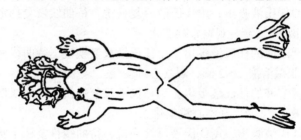

图7-4　蛙背位固定图

3. 在显微镜下，先用低倍镜后用高倍镜观察。

【观察项目】

1. 低倍镜下观察小动脉、小静脉：主要根据血流方向、血流速度和血管壁结构进行区别。小动脉管壁稍厚，管径较小，血流速度较快，呈现层流现象；血流随心搏忽快忽慢；有分支处血液自较粗动脉流向较细动脉。小静脉正好相反，管壁稍薄，管径较宽；血流速度较慢，无搏动，流速均匀；有分支处血流自较小静脉汇集于较大静脉。

2. 高倍镜下观察毛细血管：毛细血管管壁极薄，管径很小，血流速度较慢。红细胞流经最细的毛细血管时，即使是单个细胞也要改变形状才能通过；毛细血管数目多且相互连接成网状；因毛细血管有开放和关闭功能，以致镜下某些血管时而出现、时而消失。高倍镜下能更清楚地辨别小动脉、小静脉以及它们的血流特征。

3. 舌上滴一滴0.01%肾上腺素溶液，观察小血管口径的变化，用任氏液冲洗，观察其恢复情况。

4. 舌上滴一滴0.01%乙酰胆碱溶液，观察小血管口径的变化，用任氏液冲洗，观察其恢复情况。

【注意事项】

1. 固定舌头时切勿太紧、张力太大，以免影响血液循环。

2. 经常向舌上滴少量任氏液，防止干燥。

3. 注意切勿将各种溶液污染显微镜镜头。

【思考题】

1. 什么是微循环？有哪些组成部分和通路？

2．显微镜下观察微循环时，如何区别小动脉、小静脉和毛细血管?

3．舌面上滴加乙酰胆碱溶液或肾上腺素溶液后，各种血管有何变化? 为什么?

（王晓燕　王　微）

第5节　人体动脉血压的测定

【实验目的】

了解间接测定动脉血压的原理，掌握人体动脉血压测定方法、正常值及其生理波动。

【实验原理】

每个心动周期中，随着心脏的舒缩活动，动脉血压亦出现高低周期性变化，而这种血压变化可用血压计和听诊器在上臂肱动脉处间接测定。

通常血液在血管内流动时并不产生声音，但流经血管狭窄处形成湍流时则可发出声音。测量血压时，将袖带缠绕于上臂，用橡皮球向带内打气加压，经皮肤施加于肱动脉壁上，当带内压力超过动脉内收缩压，肱动脉内血流被完全阻断，此时用听诊器在受压的肱动脉远端听不到声音。而后旋动橡皮球处的螺丝帽徐徐放气减压，当带内压力低于肱动脉收缩压而高于舒张压时，血液将断续地流过受压血管，形成湍流而发出声音，可在被压的肱动脉远端听到该声音，此时血压计指示的压力相当于收缩压；继续放气，使外加压力等于舒张压时，则血管内血流由断续变成连续，声音突然由强变弱或消失，此时血压计指示的压力为舒张压。

【实验对象】

人。

【实验材料】

听诊器、血压计（汞柱式）。

【实验步骤】

1．熟悉汞柱式血压计的结构及使用方法。

2．测定准备

（1）受试者半小时内禁烟、禁咖啡、排空膀胱，静坐至少 5min，脱去一侧衣袖。松开血压计橡皮球上的螺丝帽，排出袖带内残留气体，然后将螺丝帽旋紧。

（2）受试者前臂平放，轻度外展，手掌向上，肘部与心脏位置等高，将袖带紧贴皮肤缠于上臂，袖带下缘位于肘窝上 2~3cm 处，袖带中央位于肱动脉表面。

（3）检查者戴好听诊器（耳件弯曲方向与外耳道一致），在肘窝内侧触及肱动脉搏动，并将听诊器胸件置于搏动处。

【观察项目】

1．用橡皮球向袖带内打气加压，使血压计水银柱逐渐上升，边充气边听诊，待肱动脉搏动声消失，再升高 30mmHg（4.00kPa）后，松开气球螺丝，徐徐放气，双眼随水银柱下降，平视水银柱表面，在水银柱缓慢下降的同时仔细听诊，当听到第一声脉搏音时，水银柱高度所指刻度即为收缩压。

2．继续放气减压，声音则发生一系列变化，先由低而高，而后突然由高变低，最后完全消失。在声音突然变低的瞬间，水银柱高度所指刻度即为舒张压。

3．重复测定 3 次，每次间隔 1~2min，记录测定值，以收缩压 / 舒张压 ［kPa（mmHg）］ 表示。

【注意事项】

1．保持环境安静，受试者尽量安静放松。

2．手臂、血压计必须与心脏水平等高。

3．袖带缠缚松紧适宜，听诊器的胸件不要塞在袖带里。

4．重复测定血压时，每次要将袖带里的气体排净。

【思考题】

如何测定收缩压和舒张压？其原理如何？

（王晓燕　刘　畅）

第6节　人体体表心电图的描记

【实验目的】

了解人体体表心电图的描记方法和正常心电图的波形，学习各波形的测量和分析方法。

【实验原理】

在一个心动周期中，由窦房结发出的兴奋，按一定途径和时程，依次传向心房和心室，引起整个心脏的兴奋。心脏各部分兴奋过程中的电变化及其时间顺序、方向和途径等都有一定规律，这些电变化通过心脏周围的导电组织和体液这个容积导体传导到体表，将测量电极放置在人体表面的一定部位引导和记录到的心脏电变化曲线，就是临床上常规记录的心电图。心电图对心脏起搏点、传导功能的判断和分析，以及心律失常、房室肥大、心肌损伤的诊断具有重要价值。

【实验对象】

人。

【实验材料】

心电图机、电极糊（导电膏）、酒精棉球、3% 盐水棉球、分规、诊察床。

【实验步骤】

1．心电图的描记

（1）接好心电图机的电源线、地线和导联线。接通电源，预热 3～5min。

（2）受试者仰卧于诊察床上，全身肌肉放松。在手腕、足踝和胸前安放引导电极，V_1 在胸骨右缘第 4 肋间，V_3 在胸骨左缘第 4 肋间与左锁骨中线第 5 肋间相交处；V_5 在左腋前线第 5 肋间（图 7-5），接上导联线。为了保证导电良好，可在引导电极部位涂上少许电极糊。导联线的连接方法是：红色：右手；黄色：左手；绿色：左足；黑色：右足（接地）；白色：V_1；蓝色：V_3；

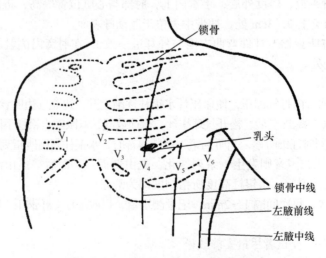

图 7-5　单极胸导联电极的安放位置

粉红色：V_5。

（3）心电图机定标，使 1mV 标准电压推动描笔向上移动 10mm，然后依次打开导联开关，记录Ⅰ、Ⅱ、Ⅲ、aVR、aVL、aVF、V_1、V_3、V_5 导联的心电图。

（4）取下心电图记录纸，进行分析。

2. 心电图的分析

（1）波幅和时间的测量

1）波幅：当 1mV 的标准电压使基线上移 10mm 时，纵坐标每一小格（1mm）代表 0.1mV（图 7-6）。测量波幅时，凡向上的波形，其波幅沿基线的上缘量至波峰的顶点；凡向下的波形，其波幅应从基线的下缘量至波峰的底点。

2）时间：心电图机的纸速由心电图机固定转速的电机所控制，一般分为 25mm/s 和 50mm/s 两挡，常用的是 25mm/s。这时心电图纸上横坐标的每一小格（1mm）代表 0.04s（图 7-6）。

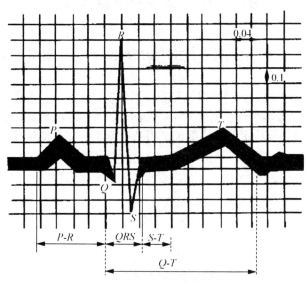

图 7-6　心电图各波测量

（2）波形的辨认和分析

1）心电图各波形的分析：在心电图记录纸上辨认出 P 波、QRS 波群和 T 波，并根据各波的起点确定 P-R 间期和 Q-T 间期。测定Ⅱ导联中 P 波、QRS 波群、T 波的时间和电压，并测量 P-R 间期和 Q-T 间期的时间。测量波宽时，从该波的一侧内缘量至另一侧内缘。

2）心率的测定：测定相邻的两个心动周期中的 P 波与 P 波或 R 波与 R 波的间隔时间，按下列公式进行计算，求出心率。如心动周期的时间间距显著不等时，可将 5 个心动周期的 P-P 或 R-R 间隔时间加以平均，取得平均值，代入下列公式：

$$心率（次/min）=\frac{60}{P-P或R-R间隔时间（s）}$$

3）心律的分析：包括主导节律的判定、心律是否规则整齐、有无期前收缩或异位节律出现等。

窦性心律的心电图表现：P 波在Ⅱ导联中直立，aVR 导联中倒置；P-R 间期在 0.12s 以上。如果心电图中的最大 P-P 间隔和最小 P-P 间隔时间相差 0.12s 以上，称为窦性心律不齐。成年人正常窦性心律的心率为 60～100 次/min。

【注意事项】

1. 描记心电图时，受试者静卧，全身肌肉放松。

2. 室内温度应以 22℃ 为宜，避免低温时肌肉收缩的干扰。

3. 电极和皮肤应紧密接触，防止干扰和基线漂移。

【思考题】

1. 什么是心电图？它是怎样记录到的？

2. 什么是导联？常用的心电图导联有哪些？为什么各导联心电图波形不一样？

3. 心电图各波的正常值及其生理意义是什么？

（王晓燕　史文婷）

第 7 节　人体心音听诊

【实验目的】

掌握心音听诊方法、正常心音的特点及其产生原理，为临床心音听诊奠定基础。

【实验原理】

心脏泵血过程中，由于瓣膜关闭和血流冲击等因素而产生心音。将听诊器置于胸前壁可听到两次音调不同的心音，分别称为第一心音（S_1）和第二心音（S_2）。S_1 标志着心缩期开始，S_2 标志着心舒期开始。4 套瓣膜各有特定的听诊部位，当某心瓣膜病变而产生杂音时，则在该瓣膜听诊区听得最清楚。

【实验对象】

人。

【实验材料】

听诊器。

【实验步骤】

1. 受试者解开上衣，裸露前胸，取坐位或卧位。检查者坐在受试者对面或站在受试者卧床的右侧。

2. 检查者将听诊器耳件塞入外耳道，使耳件的弯曲方向与外耳道一致，向前弯曲。用右手拇、示、中指持听诊器胸件，紧贴受试者心尖搏动处，听取心音，并仔细区分 S_1 或 S_2。

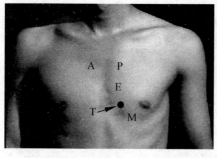

图 7-7　听诊区示意图

3. 通常听诊的顺序可以从心尖区开始，逆时针方向依次听诊：先听心尖区，再听肺动脉瓣区，然后为主动脉瓣区，主动脉瓣第二听诊区，最后是三尖瓣区。

4. 瓣膜听诊区（图 7-7）

（1）二尖瓣听诊区 M：心尖搏动最强点，又称心尖区（第五肋间，左锁骨中线内侧 0.5～1.0cm）。

（2）肺动脉瓣听诊区 P：胸骨左缘第 2 肋间。

（3）主动脉瓣听诊区 A：胸骨右缘第 2 肋间。

（4）主动脉瓣第二听诊区 E：胸骨左缘第 3 肋间，又称 Erb 区。

（5）三尖瓣听诊区 T：胸骨左缘第 4、5 肋间。

5. S_1 和 S_2 的鉴别法

（1）按心音的性质：S_1 音调低，持续时间长；S_2 音调高，持续时间较短。

（2）按两次心音的间隔时间：S_1 与 S_2 间隔时间较短，S_2 与下一次 S_1 之间的间隔时间较长。

（3）与心尖搏动同时听到的心音为 S_1，与桡动脉搏动同时听到的心音为 S_2。

【注意事项】

1．保持室内环境安静。

2．听诊器胸件按于听诊部位，不宜过重或过轻。

3．避免隔着衣服听诊以及衣服和听诊器摩擦。

【思考题】

1．心音听诊区是否在各瓣膜解剖的相应位置？

2．怎样区别第一心音和第二心音？

（王晓燕　王冰梅）

第 8 节　家兔动脉血压的神经、体液调节

【实验目的】

学习哺乳动物动脉血压的直接测量方法，观察神经和体液因素对心血管活动的调节。

【实验原理】

心脏受交感神经和副交感神经支配。心交感神经兴奋使心跳加快加强，传导加速，从而使心排血量增加。支配心脏的副交感神经为迷走神经，兴奋时心率减慢，心脏收缩力减弱，传导速度减慢，从而使心排血量减少。

支配血管的自主神经绝大多数属于交感缩血管神经，兴奋时血管收缩，外周阻力增加。同时由于容量血管收缩，促进静脉回流，心排血量亦增加。

心血管中枢通过反射作用调节心血管的活动，改变心排血量和外周阻力，从而调节动脉血压。

心血管活动除受神经调节外，还受体液因素的调节，其中最重要的为肾上腺素和去甲肾上腺素。它们对心血管的作用既有共性，又有特殊性。肾上腺素对 α 受体与 β 受体均有激活作用，使心跳加快，收缩力加强，传导加快，心排血量增加。它对血管的作用取决于两种受体中哪一种占优势。去甲肾上腺素主要激活 α 受体，对 β 受体作用很小，因而使外周阻力增加，动脉血压增加，其对心脏的作用远较肾上腺素为弱。静脉内注入去甲肾上腺素时，血压升高，启动减压反射，可反射性地引起心跳减慢。本实验通过动脉血压的变化来反映心血管活动的变化。

【实验对象】

家兔。

【实验材料】

哺乳类动物手术器械、兔手术台、BL-420 生物机能实验系统、压力换能器、刺激电极、照明灯、万能支台、双凹夹、气管插管、动脉夹、三通开关、动脉插管、注射器（1mL、5mL、20mL）、有色丝线、纱布、棉花、20% 氨基甲酸乙酯溶液、25U/mL 肝素生理盐水、0.01% 肾上腺素溶液、0.01% 去甲肾上腺素溶液、0.01% 乙酰胆碱溶液、生理盐水。

【实验步骤】

1．连接实验仪器装置　将压力换能器固定在万能支台上，换能器的位置大致与心脏在同一水平。将动脉插管经三通开关与压力换能器正中的一个输入接口相接。压力换能器的输入信号插头与 BL-420 生物机能实验系统的某通道相连。用注射器通过三通开关向压力换能器及动脉插管内注满肝素生理盐水，排尽气泡，然后关闭三通开关备用。

将刺激电极输入端与生物机能实验系统的刺激输出口相连。

2．手术

（1）动物的麻醉与固定：用20%氨基甲酸乙酯溶液以5.0mL/kg的剂量由耳缘静脉缓慢注入。动物麻醉后，仰卧位固定于手术台上。

（2）气管插管：剪去颈部的毛，沿颈正中线作5～7cm的皮肤切口；分离皮下组织及肌肉，暴露、分离气管；在气管下方穿一丝线，于甲状软骨下方2～3cm处作"⊥"形切口，插入气管插管，以丝线结扎固定。

（3）分离颈部神经和血管：在气管两侧辨别并分离颈总动脉、迷走神经、交感神经和减压神经。3条神经中，迷走神经最粗，交感神经次之，减压神经最细，常与交感神经紧贴在一起。分别在各神经下方穿以不同颜色的丝线备用。分离时特别注意不要过度牵拉，并随时用生理盐水湿润。颈总动脉下方穿两条线备用。

（4）动脉插管：在左侧颈总动脉的近心端夹一动脉夹，并在动脉夹远心端距动脉夹约3cm处结扎。用眼科剪刀在结扎线的近侧剪一小口，向心脏方向插入动脉插管，用备用的线结扎固定。

（5）记录血压：小心松开动脉夹，打开计算机，启动生物机能实验系统，单击菜单"输入信号/1通道/压力"，按开始按钮记录实验数据。即可记录动脉血压曲线。

【参数设定】

实验参数详见表7-4（可据实际情况调整各参数）。

表7-4　实验参数

采样参数	通　　道	换能器类型	增益选项	时间常数	滤波调节	扫描速度	50Hz滤波
	1	压力	50	0.01	10Hz	1.00s/div	关
刺激器参数	刺激模式	刺激方式	延时	波宽	波间隔	频率	强度
	粗电压	串刺激	100ms	1ms	—	30Hz	1.00V

【观察项目】

1．观察正常血压曲线　辨认血压波的一级波和二级波，有时可见三级波。

2．夹闭颈总动脉　用动脉夹夹闭右侧颈总动脉15s，观察血压的变化。

3．电刺激减压神经　用设置的串刺激刺激减压神经，观察血压的变化；在神经中部双结扎并从中间剪断，分别刺激其中枢端与外周端，观察血压的变化。

4．电刺激迷走神经　结扎并剪断右侧迷走神经，电刺激其外周端，观察血压的变化。

5．静脉注射去甲肾上腺素溶液　由耳缘静脉注入0.01%去甲肾上腺素溶液0.3mL，观察血压的变化。

6．静脉注射肾上腺素溶液　由耳缘静脉注入0.01%肾上腺素溶液0.3mL，观察血压的变化。

7．静脉注射乙酰胆碱溶液　由耳缘静脉注入0.01%乙酰胆碱溶液0.3mL，观察血压的变化。

8．放血、补液　从右侧颈总动脉或股动脉插管放血20～50mL，观察血压的变化，然后迅速补充37℃生理盐水，观察血压的变化。

【注意事项】

1．麻醉药注射量要准，速度要慢，同时注意呼吸变化，以免过量引起动物死亡。如实验时间过长，动物苏醒挣扎，可适量补充麻醉药。

2．在整个实验过程中，要保持动脉插管与动脉方向一致，防止刺破血管或引起压力传递障碍。

3. 每项实验前要有对照记录，施加条件时要有标记，实验完毕后加以注释。

4. 注意保护神经不要过度牵拉，并经常保持湿润。

5. 实验中，注射药物较多，注意保护耳缘静脉；最后一项观察因放血后血压降低，血管充盈不良，静脉穿刺困难，应在放血前做好补液准备。

【思考题】

1. 正常血压的一级波、二级波及三级波各有何特征？其形成机制如何？

2. 夹闭一侧颈总动脉，血压发生什么变化？机制如何？

3. 刺激家兔完整的减压神经及其中枢端和外周端，血压各有何变化？为什么？

4. 为何预先切断迷走神经再刺激其外周端？血压有何变化？为什么？

（王晓燕 白金萍）

第 9 节　蟾蜍在体心肌动作电位描记

【实验目的】

学习引导心肌动作电位和心电图的电生理学实验方法；观察心肌动作电位各时相的变化与各种离子、神经递质的对应关系。

【实验原理】

静息状态下，心肌细胞膜两侧存在内负外正的电位差，称为静息电位。它主要由膜内钾离子顺浓度差自内向外扩散而形成。在心肌细胞受一定强度的刺激而兴奋时，将产生动作电位。心肌细胞动作电位的产生与骨骼肌、神经组织一样，是不同离子跨膜转运的结果，而心肌细胞膜上的离子通道和电位形成所涉及的离子流，远比骨骼肌、神经组织复杂得多。故心肌细胞动作电位的形状及特征与其他可兴奋细胞明显不同，它不仅时程长，而且还可分为多个时相。

心肌组织是功能合胞体，心肌细胞间的闰盘结构存在低电阻区，允许电流通过。根据这一特性，将电极轻轻插入心肌组织内即可记录到心肌细胞动作电位图形。其数值和形态及记录原理都有别于用微电极在细胞内记录到的心肌细胞动作电位。电极记录的实质是用电极在接触部位的细胞膜上造成一个损伤，从而部分地反应细胞内的电位变化。

【实验对象】

蛙或蟾蜍。

【实验材料】

两栖类动物手术器械、BL-420 生物机能实验系统、引导电极、直径 40μm 的漆包线、导线、烧杯、棉球及丝线、任氏液、2% 氯化钙溶液、0.65% 氯化钠溶液、1% 氯化钾溶液、0.01% 肾上腺素溶液、0.01% 乙酰胆碱溶液。

【实验步骤】

1. 暴露蛙心　具体操作方法参照本章第 1 节。

2. 引导电极的连接　取同样长度（3～5cm）的漆包线 3 根，一端削尖，一端去漆皮，将一根漆包线绕成 3～5 圈的螺旋状，尖端弯成"蛙心夹"样，插入心室肌组织内并固定；一根插入心底附近的组织内；一根插入任意部位的组织内。生物电信号引导电极有 3 个不同颜色的鳄鱼夹，红色鳄鱼夹与插入心室肌的漆包线、白色鳄鱼夹与插入心底的漆包线、黑色鳄鱼夹与插入任意部位的漆包线相连，以引导蟾蜍在体心肌动作电位。

3. 心电图导联连接　在蟾蜍的右前肢、左后肢、右后肢分别插入 1 根银针（或大头针），用引导电极的白色鳄鱼夹与右前肢银针、红色鳄鱼夹与左后肢银针、黑色鳄鱼夹与右后肢银针相连，以引导蟾蜍的标准Ⅱ导联心电图。

4. 连接实验仪器装置

（1）心肌动作电位引导电极接到生物机能实验系统1通道上，记录心室肌动作电位曲线。

（2）心电图引导电极输入到生物机能实验系统2通道上，记录心电图曲线。

（3）打开计算机，启动生物机能实验系统，单击菜单"输入信号/1通道/动作电位"、"输入信号/2通道/心电"，按开始按钮记录实验数据。

【参数设定】

实验参数详见表7-5（可根据实际情况调整各参数）。

表7-5　实验参数

	通　道	电极类型	增益选项	时间常数	滤波调节	扫描速度	50Hz滤波
采样参数	1	引导电极	200	0.01	10Hz	5ms/div	开
	2	标准Ⅱ导联心电电极	200	0.01	10Hz	5ms/div	开

【观察项目】

1. 正常心肌动作电位和心电图　观察蟾蜍正常心肌动作电位曲线的0、1、2、3、4各期的波形（图7-8）；计算心肌动作电位的频率；同步描记一段心电图曲线，观察心肌动作电位曲线和心电图曲线在时间上的对应关系。

2. 氯化钙溶液的作用　在蟾蜍心脏上滴加2%氯化钙溶液1～2滴，观察指标同上。

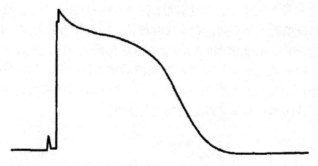

图7-8　蟾蜍在体心肌动作电位

3. 氯化钠溶液的作用　在蟾蜍心脏上滴加0.65%氯化钠溶液，观察指标同上。

4. 氯化钾溶液的作用　在蟾蜍心脏上滴加1%氯化钾溶液1～2滴，观察指标同上。

5. 肾上腺素溶液的作用　在蟾蜍心脏上滴加0.01%肾上腺素溶液1～2滴，观察指标同上。

6. 乙酰胆碱溶液的作用　在蟾蜍心脏上滴加0.01%乙酰胆碱溶液1～2滴，观察指标同上。

【注意事项】

1. 破坏蟾蜍的脑和脊髓要完全。

2. 如波形不佳，可通过改变漆包线刺入心室肌组织的部位和深度而获得最佳波形。

3. 如出现干扰，可在蛙体下面放一块金属板并与地线相连，起到屏蔽作用。

4. 本实验方法所引导动作电位较小，维持时间较短，只能做定性实验。

5. 每项实验观察到明显效应后，用任氏液冲洗心脏，待动作电位曲线恢复至正常（对照）

水平时，再进行下一项实验。

【思考题】

1．正常心室肌动作电位有哪几期？

2．心肌动作电位与心电图在时相上有何对应关系？

3．上述各种因素是如何影响心室肌动作电位的？

（王晓燕　刘　畅）

第8章 呼吸系统实验

第1节 家兔呼吸运动的影响因素

【实验目的】

通过描记家兔呼吸运动曲线观察各种因素对呼吸运动的影响，同时学习直接测定呼吸运动曲线及胸膜腔内压的实验方法。

【实验原理】

呼吸运动能够有节律的进行，并能适应机体代谢的需要，是由于呼吸中枢调节的缘故。

正常节律性呼吸运动是呼吸中枢节律性活动的反映，是在中枢神经系统参与下，通过多种传入冲动的作用，反射性调节呼吸的频率和深度来完成的。其中较为重要的调节活动有呼吸中枢的直接调节和肺牵张反射、化学感受器等的反射性调节。因此，体内外各种刺激可以作用于中枢或通过不同的感受器反射性地影响呼吸运动。

平静呼吸时，胸膜腔内压力虽然随着呼气和吸气而升降，随着呼吸深度的变化而变化，但平静呼吸时其数值始终低于大气压力而为负值，故胸膜腔内压也称为胸内负压。

【实验对象】

家兔。

【实验材料】

哺乳类动物手术器械、兔手术台、气管插管、注射器（20mL、5mL）、50cm 长橡皮管一条、BL-420 生物机能实验系统、张力换能器、压力换能器、纱布、丝线、刺激电极、胸内插管或粗穿刺针头、钠石灰瓶、20% 氨基甲酸乙酯溶液、3% 乳酸溶液、二氧化碳球囊、生理盐水。

【实验步骤】

1. 手术

（1）麻醉和固定：用 20% 氨基甲酸乙酯溶液按 5mL/kg 体重的剂量从兔耳缘静脉缓慢注入，待动物麻醉后，取仰卧位将兔固定于兔手术台上。剪去颈部、剑突和右侧胸部的毛。

（2）插气管插管：沿颈部正中切开皮肤，用止血钳钝性分离气管，在甲状软骨以下剪开气管，插入 Y 形气管插管，用丝线将气管插管结扎固定。气管插管的两个侧管各连接一 3cm 长的橡皮管。

（3）分离迷走神经：在颈部分离出两侧迷走神经，在神经下穿线备用。手术完毕后用热生理盐水纱布覆盖手术伤口部位。

（4）游离剑突软骨：切开胸骨下端剑突部位的皮肤，并沿腹白线切开约 2cm，打开腹腔。用纱布轻轻将内脏沿膈肌向下压；暴露出剑突软骨和剑突骨柄，辨认剑突内侧面附着的两块膈小肌，仔细分离剑突与膈小肌之间的组织并剪断剑突骨柄（注意压迫止血），使剑突完全游离。此时可观察到剑突软骨完全跟随膈肌收缩而上下自由移动；此时用弯针钩住剑突软骨，使游离的膈小肌经剑突软骨和张力换能器相连接。

（5）插胸内套管：将胸内套管尾端的塑料套管连至压力换能器（套管内不充灌生理盐水）。在兔右胸腋前线 4～5 肋骨之间，沿肋骨上缘作一长 2cm 的皮肤切口，用止血钳把插入点处的表层肌肉稍稍分离。将胸内插管的箭头形尖端从肋间插入胸膜腔后（此时可记录到曲线向零线下移位并随呼吸运动升高和降低，说明已插入胸膜腔内），迅速旋转 90°并向外牵引，使箭头形尖端的后缘紧贴胸廓内壁，将插管的长方形固定片同肋骨方向垂直，旋紧固定螺丝，胸膜腔将保持密封而不致漏气。也可用粗的穿刺针头（如腰椎穿刺针）代替胸内套管，则操作更为方便，无须切开及分离表层肌肉。将穿刺针头尾端的塑料套管连至压力换能器（套管内不充灌生理盐水），再将穿刺针头沿肋骨上缘顺肋骨方向斜插入胸膜腔，看到上述变化后，用胶布将针尾固定在胸部皮肤上，以防针头移位或滑出。

2. 连接实验仪器装置

（1）张力换能器连至生物机能实验系统第 1 通道上，记录呼吸运动曲线。

（2）压力换能器连至生物机能实验系统第 2 通道上，记录胸膜腔内压曲线。

（3）打开计算机启动生物机能实验系统，单击菜单"输入信号 /1 通道 / 张力"、"输入信号 /2 通道 / 压力"，按开始按钮记录实验数据。

【参数设定】

实验参数详见表 8-1。

表 8-1　实验参数

	通道	换能器类型	增益选项	时间常数	滤波调节	扫描速度	50Hz 滤波
采样参数	1	张力	100	0.01	30Hz	80ms/div	开
	2	压力	500	0.01	100Hz	80ms/div	开

【观察项目】

1. 平静呼吸　记录呼吸运动和胸膜腔内压曲线，作为对照，认清曲线与呼吸运动的关系，比较吸气时和呼气时的胸膜腔内压，读出胸膜腔内压数值。

2. 用力呼吸　在吸气末和呼气末，分别夹闭气管插管两侧管，此时动物虽用力呼吸，但不能呼出肺内气体或吸入外界气体，处于憋气的用力呼吸状态。观察和记录此时呼吸运动和胸膜腔内压曲线的最大幅度，尤其观察用力呼气时胸膜腔内压是否高于大气压。

3. 增加吸入气中二氧化碳浓度　将装有二氧化碳的球囊导气管口靠近气管插管，逐渐松开螺旋夹，使二氧化碳气流缓慢地随吸入气进入气管，观察增加吸入气中二氧化碳浓度对呼吸运动和胸膜腔内压曲线的影响。呼吸运动发生明显变化后，夹闭二氧化碳球囊，观察呼吸运动和胸膜腔内压曲线恢复的过程。

4. 低氧　将气管插管的侧管通过钠石灰瓶与盛有一定容量空气的气囊相连。家兔呼吸时，吸入气囊空气中的氧，但它呼出的二氧化碳被钠石灰吸收。因此，呼吸一段时间，气囊内的氧越来越少，但二氧化碳含量并没有增多。观察动物低氧时呼吸运动和胸膜腔内压曲线的变化情况。

5. 增大无效腔　将 50cm 长的橡皮管连接在侧管上，家兔通过此橡皮管进行呼吸。观察经一段时间后的呼吸运动和胸膜腔内压曲线变化。

6. 血中酸性物质增多　用 5mL 注射器，由耳缘静脉较快地注入 3% 乳酸 1mL，观察此时呼吸运动和胸膜腔内压曲线的变化。

7. 迷走神经在呼吸运动中的作用　描记一段对照呼吸曲线后，先切断一侧迷走神经，观察呼吸运动和胸膜腔内压曲线有何变化。再切断另一侧迷走神经，观察呼吸运动和胸膜腔内压曲线的变化。然后用中等强度电流刺激一侧迷走神经中枢端，再观察呼吸运动和胸膜腔内压曲线的变化。

8. 气胸　剪开前胸皮肤肌肉，切断肋骨，打开右侧胸腔，使胸膜腔与大气相通，引起气胸。观察肺组织萎缩、胸膜腔内压消失、呼吸运动曲线等的变化情况。

【注意事项】

1. 气管插管时，应注意止血，并将气管分泌物清理干净。气管插管的侧管上的夹子在呼吸运动实验过程中不能变动，以便比较实验前、后呼吸运动和胸膜腔内压曲线的变化幅度。

2. 每项观察项目前均应有正常描记曲线作为对照。每项观察时间不宜过长，出现效应后应立即去除施加因素，待呼吸运动恢复正常后再进行下一项观察。

3. 经耳缘静脉注射乳酸时，注意不要刺穿静脉，以免乳酸外漏，引起动物躁动。电极刺激迷走神经中枢端之前，一定要调整好刺激强度，以免因刺激强度过强而造成动物全身肌肉紧张，发生屏气，影响实验结果。

4. 插胸内套管时，切口不宜过大，动作要迅速，以免过多空气漏入胸膜腔。如用穿刺针，不要插得过猛过深，以免刺破肺组织和血管，形成气胸和出血过多。如果穿刺针刺入较深而未见压力变化，应转动一下针头或变换一下角度或拔出，看针头是否被堵塞。此法虽简便易行，但针头易被血凝块或组织块所堵塞，应加以注意。

【思考题】

1. 分析胸膜腔内压形成的机制。

2. 平静呼吸时，如何确定呼吸运动曲线与吸气和呼气运动的对应关系？比较吸气、呼气、憋气时的胸膜腔内压。

3. 二氧化碳增多、低氧和乳酸增多对呼吸运动有何影响？其作用途径有何不同？

4. 在平静呼吸时，胸膜腔内压为何始终低于大气压？在什么情况下胸膜腔内压可高于大气压？

5. 切断两侧迷走神经前后，呼吸运动有何变化？迷走神经在节律性呼吸运动中起什么作用？

（段雪琳）

第2节　家兔膈神经放电的观察

【实验目的】

应用电生理学实验方法记录和观察家兔在体膈神经放电情况，以加深对呼吸肌收缩节律来源的认识。观察膈神经自发放电与呼吸运动的关系。

【实验原理】

呼吸运动的节律来源于呼吸中枢，呼吸肌属于骨骼肌，其活动受膈神经和肋间神经的支配。脑干呼吸中枢的节律性活动通过膈神经和肋间神经下传至膈肌和肋间肌，从而产生节律性呼吸肌舒缩活动，引起呼吸运动。因此，引导膈神经传出纤维的放电，可直接反映脑干呼吸中枢的活动，同时能加深对呼吸运动调节的认识。

【实验对象】

家兔。

【实验材料】

哺乳类动物手术器械、BL-420生物机能实验系统、兔手术台、气管插管、神经放电引导电极、压力换能器或呼吸换能器、固定支架、U形皮兜固定架、注射器（50mL、20mL、1mL）、50cm长橡皮管一条、玻璃分针、二氧化碳气囊、20%氨基甲酸乙酯、生理盐水、石蜡油（加温至38~40℃）、尼可刹米注射液。

【实验步骤】

1. 手术

（1）麻醉和固定：用20%氨基甲酸乙酯5mL/kg，由兔耳缘静脉注射，待动物麻醉后，仰卧位固定于兔手术台上。

（2）气管插管：剪去颈部兔毛，沿颈部正中切开皮肤，用止血钳钝性分离，暴露气管，在甲状软骨以下剪开气管，插入Y形气管插管，用丝线将气管插管结扎固定。气管插管的两个侧管各连接一段3cm长的橡皮管。将插气管插管的一个侧管尾端的塑料套管连到压力换能器（套管内不充灌生理盐水）上。

（3）分离迷走神经：分离两侧迷走神经，穿线备用。

（4）分离颈部膈神经：膈神经由颈4、5神经的腹支汇合而成。先将动物头颈略倾向对侧，用止血钳在术侧颈外静脉与胸锁乳突肌之间向深处分离直至见到粗大横行的臂丛。在臂丛的内侧有一条较细的由颈4、5神经分出的如细线般的神经分支，即为膈神经。膈神经横过臂丛并和它交叉，向后内侧行走，贴在前斜角肌腹缘表面，与气管平行进入胸腔。用玻璃分针在臂丛上方分离膈神经2～3cm，穿线备用。

（5）安置电极：用备用线提起膈神经放在引导电极钩上，注意神经不可牵拉过紧。引导电极应悬空并固定于电极支架上，不要触及周围组织，将接地线就近夹在皮肤切口组织上。

2. 连接实验仪器装置

（1）神经放电引导电极接到生物机能实验系统第1通道上，记录膈神经放电。

（2）压力换能器或呼吸换能器输入到生物机能实验系统第2通道上，记录呼吸运动变化。

（3）打开计算机启动生物机能实验系统，单击菜单"输入信号/1通道/神经放电"、"输入信号/2通道/压力"，按开始按钮记录实验数据。

【参数设定】

实验参数详见表8-2（可据实际情况调整各参数）。

表8-2 实验参数

	通道	换能器类型	增益选项	时间常数	滤波调节	扫描速度	50Hz滤波
采样参数	1	引导电极	5000	0.001	10k	1.00s/div	开
	2	压力	500	0.01	10k	1.00s/div	开
	刺激模式	刺激方式	延时	波宽	波间隔	频率	强度
刺激器参数	粗电压	串刺激	100ms	1ms	—	30	1.00V

【观察项目】

1. 正常呼吸时的膈神经放电 观察动物正常呼吸时的胸廓运动、呼吸运动和膈神经放电曲线的关系（图8-1），通过监听器监听与吸气运动相一致的膈神经放电声。

图8-1 兔膈神经群集性放电

A. 原始图；B. 积分图

2. 增大无效腔时的膈神经放电　于气管插管的另一侧管上连接 50cm 长橡皮管一条，观察呼吸运动和膈神经放电曲线的变化。出现明显效应后立即去掉橡皮管，待呼吸运动和膈神经放电曲线恢复正常后再进行下一项内容的观察。

3. 注射尼可刹米后的膈神经放电　由兔耳缘静脉注入稀释的尼可刹米 1mL（50mg/mL），观察呼吸运动和膈神经放电曲线的变化。待呼吸运动和膈神经放电曲线恢复正常后再进行下一项内容的观察。

4. 肺牵张反射时的膈神经放电

（1）肺扩张反射时的膈神经放电：观察一段正常呼吸运动后，在一次呼吸的吸气末，将气管插管的另一侧管（呼吸通气的侧管）连一 20mL 注射器（内装有 20mL 空气），同时将注射器内事先装好的 20mL 空气迅速注入肺内，使肺维持在扩张状态，观察呼吸运动和膈神经放电的变化。出现明显效应后立即放开堵塞口。

（2）肺缩小反射时的膈神经放电：当呼吸运动恢复后，于一次呼吸的呼气末，同上用注射器抽取肺内气体约 20mL，使肺维持在萎缩状态，观察呼吸运动和膈神经放电的变化。出现明显效应后立即放开堵塞口。

5. 化学因素对膈神经放电的影响　观察二氧化碳浓度升高、低氧、氢离子浓度升高等各种因素变化时膈神经放电的变化。

6. 切断迷走神经前后的膈神经放电　先切断一侧迷走神经，观察呼吸运动和膈神经放电的变化。再切断另一侧迷走神经，观察呼吸运动和膈神经放电的变化。然后用中等强度电流刺激一侧迷走神经中枢端，再观察呼吸运动和膈神经放电的变化。在切断两侧迷走神经后，重复上述肺内注气和从肺内抽气的试验，观察呼吸运动及膈神经放电的改变。

【注意事项】

1. 分离膈神经动作要轻柔，分离要干净，不要让凝血块或组织块黏着在神经上。

2. 如气温适宜，可不作皮兜。改用温热石蜡油条覆盖在神经上。

3. 引导电极尽量放在膈神经远端，以便神经损伤时可将电极移向近端。注意动物和仪器的接地良好，以避免电磁干扰对实验结果的影响。

4. 每项实验做完，待膈神经放电和呼吸运动恢复后，方可继续下一项实验，以便前后对照。自肺内抽气时，切勿抽气过多或抽气时间过长，以免引起家兔死亡。

【思考题】

1. 增大无效腔、注射尼可刹米、切断迷走神经干对呼吸运动的频率、深度和膈神经放电频率、振幅各有何影响？为什么？

2. 本实验结果能否说明膈神经放电与呼吸运动的关系？为什么？

3. 膈神经与迷走神经在肺牵张反射中各起什么作用？为什么？

（段雪琳）

第 3 节　肺活量、用力呼气量和通气量测定及呼吸音的听诊

【实验目的】

学习应用肺活量计测定正常人体肺容量和肺通气量的基本实验方法；掌握人体潮气量、肺活量、用力呼气量等的正常值。学习呼吸音的听诊方法，掌握对受检者的正常肺部听诊。

【实验原理】

肺的主要功能是进行气体交换，肺内气体与外界大气不断进行交换，吸入氧气、排出二氧化

碳，以维持内环境中氧气、二氧化碳浓度的相对稳定，保证细胞新陈代谢的正常进行。

肺通气是指气体进出肺的过程，肺容量是指肺容纳的气体量，而肺通气量是指单位时间内吸入或呼出的气量。潮气量、肺活量、用力呼气量等在一定程度上可反映肺的容量和通气功能。因此，潮气量、肺活量、用力呼气量等的测定可作为衡量肺功能的重要指标。

呼吸时气流进出各级呼吸道及肺泡产生涡流而引起振动，发生声音，经过肺组织传至胸壁，在体表所听到的声音为肺部呼吸音。正常肺部可以听到的呼吸音包括支气管呼吸音、肺泡呼吸音、支气管肺泡呼吸音。

【实验对象】

人。

【实验材料】

肺活量计、盛冷开水的塑料盒、橡皮吹嘴、鼻夹、氧气、钠石灰、墨水、碘伏棉球、听诊器。

【实验步骤】

1. 肺活量计的构造及使用方法　肺活量计主要由一对套在一起的圆筒所组成：外筒是装清水的水槽，槽底有排水阀门可以放水，水槽中央有进气管，管的上端露出水面，管下端有通向槽外的三通阀门，呼、吸气体即经此出入。内筒为倒置于水槽中的浮筒，可随呼吸气体的进出而升降。肺活量计顶部有进气接头，可由此向筒内充入气体；浮筒容量为 6～8L，一般为铝制，重量较轻；筒顶连有细钢丝绳，通过滑轮架在另一端悬一平衡锤，锤的重量恰能与浮筒的重量相平衡。

当三通阀门开放时，呼吸气可经通气管进出肺活量计，浮筒即随之上下移动，根据浮筒的升降从刻度标尺上可读出气体容量，并由描笔记录在专用记录纸上。专用记录纸上印有表示容积的直格和表示走纸速度的横格，一般一小直格为 100mL，一横格为 25mm。

2. 实验准备

（1）将仪器水平放置，支架插入支架座内，吊丝经滑轮与浮筒顶部的调节螺帽固定。

（2）调节水平调节盘，使肺活量计的内筒、外筒不相接触，能自由升降。

（3）肺活量计内装入适量清水，调节螺帽，使肺活量计不充气时记录笔尖处于零位。

（4）在肺活量计的二氧化碳吸收器中装入钠石灰。

（5）打开肺活量计的进气接头，使筒内充满空气（或氧气）4～5L，然后关闭接头。

（6）装好记录纸，记录笔中灌足墨水，并与记录纸接触，整机接上电源。

（7）受试者闭目静立（或坐），口中衔好用碘伏棉球消毒过的橡皮吹嘴，并用鼻夹夹鼻，练习用口呼吸 2～3min。

（8）打开电源开关和记录开关，用 50mm/min（1 横格 /30s）的走纸速度描记呼吸曲线。

【观察项目】

1. 潮气量　被测者静坐（或静立），平静呼吸，描记正常呼吸曲线 30s，计算 5 次吸入或呼出气量的平均值。

2. 补吸气量　平静呼吸数次后，在一次平静吸气末，再继续吸气直至不能再吸气为止，所吸的气量（小直格数 ×100mL）即为补吸气量。

3. 补呼气量　平静呼吸数次后，在一次平静呼气末再继续呼气直至不能再呼为止，所呼出的气量即为补呼气量。

4. 肺活量　平静呼吸数次后，受试者尽力做最大吸气后，作最大限度的呼气，所呼出的气量即为肺活量。重复 2～3 次，取最大一次的肺活量记录。

5. 用力呼气量　平静呼吸数次后，受试者做最大限度的吸气，在吸气末屏气 1～2s，同时改为 25mm/s 走纸速度描记，然后让受试者以最快速度用力深呼气，直至不能再呼为止。从记录纸上读出呼气第1秒、第2秒和第3秒末所呼出的气量，分别计算出它们占全部呼出气量的百分比即为用力呼气量（图8-2）。

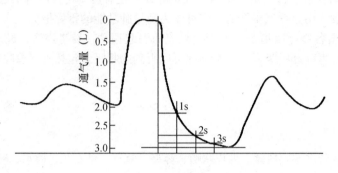

图 8-2　用力呼气量

6. 肺的通气量

（1）每分通气量：每分通气量＝潮气量×呼吸频率。

（2）最大通气量：受试者站立，先进行平静呼吸数次后，按主试者口令，在15s内尽力做最深最快呼吸，用50mm/min的走纸速度描记呼吸曲线，15s内吸入或呼出的总气量×4即为最大通气量。

（3）通气贮量百分比：根据受试者的每分通气量和最大通气量，按下列公式计算：

$$通气贮量百分比（\%）=\frac{最大通气量 - 每分通气量}{最大通气量}\times 100\%$$

7. 呼吸音听诊。

（1）受检者取坐位，面对检查者，解开上衣。

（2）支气管呼吸音。听诊区在喉部、胸骨上窝，背部6、7颈椎及第1、2胸椎附近。特点：①声音像将舌抬高后，张口呼气发出"哈——"音；②呼气相较吸气相长；③呼气比吸气音强且调高。

（3）肺泡呼吸音。听诊区在大部分肺野，支气管呼吸音及支气管肺泡呼吸音分布区除外。特点：①声音像上牙咬住下唇，吸气时发出"呋——"音；②吸气相较呼气相长；③吸气音较呼气音强，声调高。

（4）支气管肺泡呼吸音。听诊区在胸骨附近，肩胛间区的第3、4胸椎水平。特点：①吸气音的性质与肺泡呼吸音的吸气音性质相似，但音响略强，音调略高。呼气音的性质与支气管呼吸音的呼气音相似，但音响较弱，音调较高；②吸气与呼气的时相大致相等。

【注意事项】

1. 肺活量计中的水应在实验前4h灌足，使水温与室温相平衡。橡皮吹嘴在实验前需用碘伏棉球消毒后，浸于冷开水中备用。更换受试者时，应重新消毒。

2. 每次测定前受试者都应练习几次，测定时受试者不应看着描笔呼吸。

3. 钠石灰变为黄色即不宜使用。

4. 测定时应注意防止从鼻孔或口角漏气，以免影响测定结果。

5. 呼吸音听诊时，室内保持安静、温暖。检查者听诊时要全神贯注。受检者体位舒适，肌肉松弛，以避免因肌肉紧张而产生杂乱的声音。听诊器胸件必须与皮肤紧贴，听诊器管道等都不得与其他物品或身体相接触，以免摩擦音的干扰。受检者自然呼吸，避免自口部发出任何音响。有时可深吸气或咳嗽一声自行深吸气，这样更易得知呼吸音的变化。

【思考题】

1. 填写以下记录表，据各项指标的正常值，判断受试者的肺通气功能是否正常。

姓名   性别   年龄   实验时间

肺容量		测定值	正常值
潮气量 /mL			400～600
补吸气量 /mL			1500～2000
补呼气量 /mL			900～1200
肺活量 /mL			3500（男）2500（女）
用力呼气量 /%	第 1s 末：	第 1s 末：	83
	第 2s 末：	第 2s 末：	96
	第 3s 末：	第 3s 末：	99

肺的通气量	测定值	正常值
每分通气量 /（L/min）		6～9
最大通气量 /（L/min）		120～150
通气贮量百分比 /%		≥93

2. 潮气量的测定为什么要取平均值？肺活量的测定为什么要取最大值？

3. 肺活量的测定有何意义？与时间肺活量的测定的意义有何不同？

4. 测定最大通气量和通气贮量百分比各有何意义？测定最大通气量时，为什么只进行 15s 深呼吸而不是 1min？

5. 比较支气管呼吸音与肺泡呼吸音有何不同。

（段雪琳）

第 4 节　影响豚鼠离体支气管平滑肌运动的因素

【实验目的】

学习豚鼠离体支气管的制备方法，观察各种因素对豚鼠离体支气管平滑肌的收缩或松弛作用的影响。

【实验原理】

豚鼠离体支气管平滑肌上主要分布有 β_2 受体、M 受体和 H_1 受体。β_2 受体兴奋支气管平滑肌舒张，M 受体和 H_1 受体兴奋使平滑肌收缩。异丙肾上腺素溶液是 β_2 受体激动药，可使平滑肌松弛；乙酰胆碱溶液和组胺分别是 M 受体和 H_1 受体的激动药，可使平滑肌收缩。

【实验对象】

豚鼠。

【实验材料】

麦氏浴槽、恒温水浴、温度计、张力换能器、自动平衡记录仪、充气球胆、剪刀、眼科镊、培养皿、铁支架、双凹夹、丝线、注射器。0.01% 磷酸组胺溶液、0.01% 乙酰胆碱溶液、0.01% 氨茶碱溶液、0.01% 硫酸异丙肾上腺素溶液、0.5% 硫酸阿托品溶液、克-亨氏营养液（配制方法：NaCl 8.0g、$MgCl_2$ 0.42g、$CaCl_2$ 0.4g，用蒸馏水溶解并稀释至 1000mL，临用前加入葡萄糖 1.0g）。

【实验步骤】

1. 制备豚鼠离体支气管标本 取体重 400～500g 豚鼠一只，雌雄不限，木棒猛烈敲击头部致死。从颈正中切开皮肤，用止血钳分离肌层至气管，自甲状软骨以下至气管分叉处剪下整条气管，并放置于盛有营养液的培养皿中。沿软骨环间横切气管为 5～6 个环，用丝线将各个环结扎成一串（图 8-3A）；或者沿气管腹面纵行剪开，再在每两个软骨环间切断，制成中间为支气管平滑肌、两边连着软骨的 5～6 片气管片，然后用丝线将这些气管片纵行链接成一串（图 8-3B）；或者将气管由一端向另一端螺旋形剪成条状，每 2～3 个软骨环剪成一个宽 2～3mm、长 3～4mm 的螺旋条（图 8-3C）。

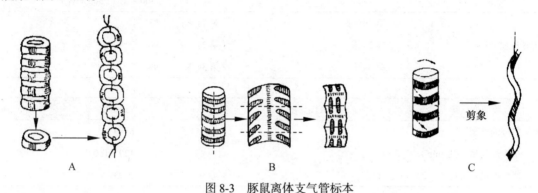

A   B   C

图 8-3 豚鼠离体支气管标本

2. 连接实验仪器装置

（1）调适平衡记录仪：打开电源，打开描笔的记录开关，调零使描笔移至中间的位置。加上前负荷 0.5～2g，量程开关调至 20mV。走纸变速调至 4mm/min（即 4mm 分挡上）。

（2）放置豚鼠离体支气管标本：将制备好的豚鼠离体支气管标本取出，用丝线结扎其两端，放入盛有 37℃克-亨氏营养液的麦氏浴槽中，一端系于浴槽基部，另一端系于张力换能器小钩上，张力换能器与平衡记录仪相连。适当调节换能器的高度，使标本勿牵拉过紧或过松，勿与周围管壁接触，以免摩擦。用塑料管将充满氧气的球胆与浴槽底部的通气管相连，调节塑料管上的螺旋夹，以控制气流量，让通气管的气泡一个一个地溢出，为标本供氧。静置 10～20 min，当基线稳定再进行实验。

【观察项目】

1. 描记一段正常曲线，作为基线。因气管平滑肌纤维短，要靠多数纤维收缩的累加作用才表现出效应，故反应较慢，无明显的自发运动。

2. 给药观察豚鼠离体支气管平滑肌的反应。

（1）0.01% 硫酸异丙肾上腺素溶液 0.5mL；

（2）0.01% 氨茶碱溶液 0.5～1mL；

（3）0.01% 磷酸组胺溶液 0.1～0.3mL，待作用达高峰后加入 0.01% 硫酸异丙肾上腺素溶液 0.5mL；

（4）0.01% 磷酸组胺溶液 0.1～0.3mL，待作用达高峰后加入 0.01% 氨茶碱溶液 0.5～1mL；

（5）0.01% 乙酰胆碱溶液 0.1～0.3mL，待作用达高峰后加入 0.01% 硫酸异丙肾上腺素溶液 0.5mL；

（6）0.01% 乙酰胆碱溶液 0.1～0.3mL，待作用达高峰后加入 0.01% 氨茶碱溶液 0.5～1mL；

（7）0.01% 乙酰胆碱溶液 0.1～0.3mL，待作用达高峰后加入 0.5% 硫酸阿托品溶液 0.1mL。

【注意事项】

1. 加药前，准备好更换用的 37℃克-亨氏营养液。保持麦氏浴槽温度在 37℃，温度勿过高或过低。

2．分离支气管时，动作轻柔，避免止血钳扯伤或夹伤支气管平滑肌。

3．用丝线结扎气管条，也需要保护支气管平滑肌。

4．每加一个药物，观察 5min，待效果明显后，立即更换克-亨氏营养液，冲洗离体支气管平滑肌，待描记回至基线，再加入下一个药物。

5．因气管平滑肌纤维短，未加药之前无明显的自发运动，因此，每次换药均需回至基线后，再观察下一个项目。

6．上述药物加入量为参考剂量，效果不明显时，可以增补，但防治一次加药量过多。

【思考题】

1．异丙肾上腺素溶液如何影响豚鼠离体支气管平滑肌的活动？机制是什么？有何临床意义？

2．氨茶碱如何影响豚鼠离体支气管平滑肌的活动？机制是什么？有何临床意义？

3．磷酸组胺如何影响豚鼠离体支气管平滑肌的活动？机制是什么？有何临床意义？

4．硫酸阿托品如何影响豚鼠离体支气管平滑肌的活动？机制是什么？有何临床意义？

（段雪琳）

第9章 消化系统实验

第1节 家兔离体小肠平滑肌的生理特性

【实验目的】

1. 观察家兔离体小肠平滑肌的电生理特性和一般特性。
2. 掌握家兔离体小肠标本的基本制作方法。
3. 观察温度、体液因素及药物等因素对消化道平滑肌生理特性的影响。
4. 学习应用恒温平滑肌槽或麦氏浴槽研究离体小肠平滑肌一般生理特性的实验方法。

【实验原理】

消化道平滑肌具有自动节律性，较大的伸展性，对化学物质、温度改变及牵张刺激较为敏感等一般生理特性。电位变化方面，消化道平滑肌除了具有一般可兴奋组织的静息电位和动作电位，还有其特有的慢波电位。迷走神经通过乙酰胆碱激动肠管平滑肌上的 M 型胆碱能受体，引起肠管平滑肌收缩，在一定剂量范围内，其收缩强度呈剂量依赖性。阿托品作为 M 型胆碱能受体阻断剂，可竞争性地拮抗乙酰胆碱对 M 受体的激动作用。

离体小肠平滑肌在适宜的环境中可保持其生理活性，仍能进行节律性活动，并随环境变化呈现不同的反应。本实验观察离体小肠平滑肌在模拟内环境（离子成分、晶体渗透压、酸碱度、温度、氧分压等方面类似于内环境）中的活动。同时研究某些神经、体液等因素对消化道平滑肌自动节律性、伸展性和对化学物质、温度改变及牵张刺激敏感等生理特性的影响。

【实验对象】

家兔。

【实验材料】

1. 实验器材　BL-420 生物机能实验系统、计算机、哺乳类动物手术器械 1 套，氧气瓶、螺旋夹、玻璃分针、张力换能器（量程为 25g 以下）、烧杯、温度计、乳胶管、麦氏浴槽或恒温平滑肌槽。

2. 实验试剂　20% 氨基甲酸乙酯溶液、乐氏液、0.01% 肾上腺素溶液、0.01% 乙酰胆碱溶液、1mol/L 盐酸普萘洛尔、1mol/L 盐酸、0.01% 阿托品。

【实验步骤】

1. 恒温平滑肌槽或麦氏浴槽的准备

（1）恒温平滑肌槽：在恒温平滑肌槽的中心管加入乐氏液，外部容器中加装温水，开启电源加热，浴槽温度将自动稳定在 38℃ 左右。将浴槽通气管与氧气瓶相连接，调节橡皮管上的螺旋夹，使气泡一个接一个地通过中心管，为乐氏液供氧。

（2）麦氏浴槽：将麦氏浴槽置于水浴装置内，水浴装置中水的温度恒定在 38～39℃ 之间，在麦氏浴槽内盛 38～39℃ 乐氏液，温度计悬挂在浴槽内，用以监测温度的变化。氧气瓶经乳胶管缓慢向浴槽底部通氧气，调节乳胶管上的螺旋夹，控制通氧气速度，使气泡一个接一个地通过中心管，为乐氏液供氧。

2. 离体小肠标本制作　20% 氨基甲酸乙酯耳缘静脉注射麻醉家兔（剂量为 5mL/kg 体重），

迅速剖开腹腔，以胃幽门与十二指肠交界处为起点，先将肠系膜沿肠缘剪去，再剪取 20～30cm 肠管。肠段取出后，置于 38℃ 左右乐氏液内轻轻漂洗，在肠管外壁用手轻轻挤压以除去肠管内容物。当肠腔内容物洗净后，用 38℃ 左右的乐氏液浸浴，当肠管出现明显活动时，将其剪成约 3cm 长的肠段。

3. 标本安装　当实验时，取出一段长 3～4cm 的肠段，用线结扎其两端，迅速将小肠一端的结扎线固定于通气管的挂钩上，调节氧气袋出气管上的螺旋夹，控制通气量（使空气气泡从通气管前端呈单个而不是成串逸出，以免振动悬线影响记录），另一端固定于张力换能器上。适当调节换能器的高度，使肠段勿牵拉过紧或过松（图 9-1）。

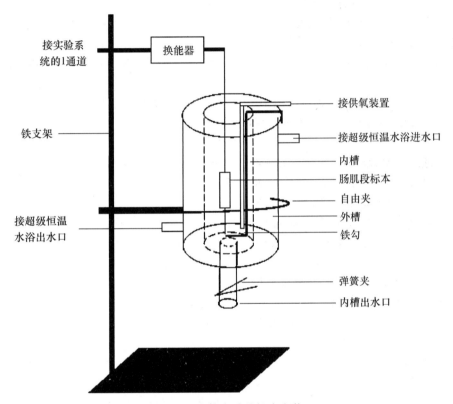

图 9-1　离体实验的标本安装

4. 连接实验仪器装置

（1）将张力换能器接到 BL-420 生物机能实验系统第 1 通道上。

（2）打开计算机，启动 BL-420 生物机能实验系统。离体实验：单击菜单"实验项目"，按计算机提示逐步进入"消化道平滑肌"的实验项目，系统默认表 9-1 的参数设置，可以根据实际情况进行调整。

表 9-1　仪器参数设置表（参考）

采样参数	通道	换能器类型	增益选项	时间常数	滤波调节	扫描速度	50Hz 滤波
	1	张力	100	DC	30Hz	2.50s/div	关

5. 温度的作用　将浴槽中的乐氏液更换成 25℃ 乐氏液，观察指标同上。再更换成 42℃ 乐氏液，观察小肠平滑肌收缩曲线的变化。最后再更换成 38℃ 乐氏液至小肠平滑肌的收缩曲线恢

复正常。

6. 乙酰胆碱溶液的作用　用滴管向浴槽内滴加 0.01% 乙酰胆碱溶液 2 滴，观察指标同上。观察到明显效应后，立即从浴槽排水管放出含有乙酰胆碱溶液的乐氏液，加入预先准备好的 38℃ 乐氏液。

7. 阿托品的作用　重复更换 2～3 次 38℃ 乐氏液，使残留的乙酰胆碱溶液达到无效浓度。待小肠平滑肌的收缩曲线恢复至对照水平时，用滴管向浴槽内滴入 0.01% 阿托品 2～4 滴，观察指标同上。观察到明显效应后，再加入 0.01% 乙酰胆碱溶液 2 滴，观察小肠平滑肌的收缩曲线有无变化。

8. 肾上腺素溶液的作用　更换 2～3 次 38℃ 乐氏液，待小肠平滑肌的收缩曲线恢复至对照水平时，在浴槽中加入 0.01% 肾上腺素溶液 2 滴，观察指标同上。

9. 盐酸普萘洛尔的作用　重复更换 2～3 次 38℃ 乐氏液，使残留的肾上腺素溶液达到无效浓度。待小肠平滑肌的收缩曲线恢复至对照水平时，用滴管向浴槽内滴入 1mol/L 盐酸普萘洛尔 1～2 滴，观察指标同上。观察到明显效应后，再加入 0.01% 肾上腺素溶液 2 滴，观察小肠平滑肌的收缩曲线有无变化。

10. H$^+$的作用　更换 2～3 次 38℃ 乐氏液，待小肠平滑肌的收缩曲线恢复至对照水平时，在浴槽中加入 1mol/L 盐酸溶液 2 滴，观察指标同上。

【注意事项】
1. 标本连线必须垂直，并不得与浴槽管壁、通气管和温度计接触，以免摩擦影响记录。
2. 实验过程中，必须保证标本的供氧及浴槽内乐氏液温度恒定（38℃）。
3. 麦氏浴槽放入标本后，由室温开始加热。
4. 实验过程中应力求保持乐氏液的温度稳定、液面的高度固定、通氧速度恒定。实验中可根据平滑肌的反应曲线改变各药液的加入量，实验效果明显后，更换乐氏液要快，以免平滑肌出现不可逆反应。
5. 灌流浴槽内的液面高度应保持相对恒定。
6. 恒温仪中禁止无水加热。
7. 待肠段恢复正常后再进行下一项步骤。

【思考题】
1. 为什么离体小肠具有自律性运动？
2. 维持家兔离体小肠标本活性需要什么条件？
3. 阿托品、盐酸普萘洛尔、乙酰胆碱溶液、肾上腺素溶液对小肠平滑肌的收缩曲线有何影响？根据哺乳类动物小肠平滑肌的神经支配及神经递质的知识，讨论这些药品引起小肠平滑肌收缩曲线改变的机制。
4. 温度、酸碱度改变对小肠平滑肌收缩曲线有何影响？
5. 加入阿托品后再加入乙酰胆碱溶液或加入普萘洛尔后再加肾上腺素溶液对小肠平滑肌的收缩曲线各有何影响？为什么？如将加药顺序颠倒，小肠平滑肌的收缩曲线将如何改变？为什么？
6. 小肠内理化环境与小肠平滑肌生理特点有何联系？

（张松江）

第 2 节　家兔在体小肠平滑肌的生理特性

【实验目的】
1. 观察家兔在体小肠平滑肌的电生理特性和一般特性。

2．掌握家兔在体小肠标本的基本制作方法。

3．观察温度、体液因素及药物等因素对消化道平滑肌生理特性的影响。

【实验原理】

消化道平滑肌具有自动节律性，较大的伸展性，对化学物质、温度改变及牵张刺激较为敏感等一般生理特性。电位变化方面，消化道平滑肌除了具有一般可兴奋组织的静息电位和动作电位，还有其特有的慢波电位。迷走神经通过乙酰胆碱激动肠管平滑肌上的 M 型胆碱能受体引起肠管平滑肌收缩，在一定剂量范围内，其收缩强度呈剂量依赖性。阿托品作为 M 型胆碱能受体阻断剂，可竞争性地拮抗乙酰胆碱对 M 受体的激动作用。

【实验对象】

家兔。

【实验材料】

1．实验器材　BL-420 生物机能实验系统、计算机、哺乳类动物手术器械 1 套、螺旋夹、玻璃分针、张力换能器（量程为 25g 以下）、烧杯。

2．实验试剂　20% 氨基甲酸乙酯溶液、乐氏液、0.01% 肾上腺素溶液、0.01% 乙酰胆碱溶液、1mol/L 盐酸普萘洛尔、0.01% 阿托品、3% 乳酸溶液。

【实验步骤】

1．20% 氨基甲酸乙酯耳缘静脉注射麻醉家兔（剂量为 5mL/kg 体重），仰卧位固定在兔台上，打开腹腔，找到胃下后部位的小肠，拉出一段小肠到腹外，用蛙钉把一段 5cm 长度的小肠拉直固定在蛙板上，用 20cm 长丝线在两个蛙钉之间轻度结扎小肠，将小肠轻轻吊起，与铁架台上的张力换能器连接。张力换能器接入 BL-420 生物机能实验系统的 1 通道上。打开计算机，启动 BL-420 生物机能实验系统，在菜单条单击"输入信号"菜单，1 通道选择"张力"，单击工具栏"开始"图标，进入实验项目。

2．自动节律性收缩曲线　描记一段小肠平滑肌的自动节律性收缩曲线。注意基线水平，收缩曲线的基线升高，表示小肠平滑肌紧张性升高；收缩曲线的基线下移，表示紧张性降低。同时应观察收缩曲线的节律、波形、频率和幅度。在体小肠平滑肌的运动曲线由于受呼吸的影响，所以存在一级波和二级波（图 9-2）。

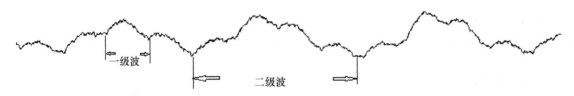

图 9-2　在体小肠平滑肌的运动曲线
一级波代表呼吸曲线，二级波代表小肠平滑肌的运动曲线

3．温度的作用　向在体小肠表面滴加 25℃乐氏液，观察指标同上。再更换成 42℃乐氏液，观察小肠平滑肌收缩曲线的变化。最后再更换成 38℃乐氏液至小肠平滑肌的收缩曲线恢复正常。

4．乙酰胆碱溶液的作用　用滴管向在体小肠表面滴 0.01% 乙酰胆碱溶液 2 滴，观察指标同上。观察到明显效应后，立即用生理盐水稀释并洗涤在体小肠表面的乙酰胆碱溶液。

5．阿托品的作用　用滴管向在体小肠表面滴 0.01% 阿托品 2～4 滴，再迅速滴加 0.01% 乙酰胆碱溶液 2 滴，观察指标同上。观察到明显效应后，立即用乐氏液稀释并洗涤在体小肠表面。

6．肾上腺素溶液的作用　用滴管向在体小肠表面滴 0.01% 肾上腺素溶液 2 滴，观察指标同上。观察到明显效应后，立即用乐氏液稀释并洗涤在体小肠表面的肾上腺素溶液。

7. 盐酸普萘洛尔的作用　用滴管向在体小肠表面滴盐酸普萘洛尔 2~4 滴，再迅速滴加 0.01% 肾上腺素溶液 2 滴，观察指标同上。观察到明显效应后，立即用乐氏液稀释并洗涤在体小肠表面。

8. H^+ 的作用　兔耳缘静脉注射 3% 乳酸 1mL/kg，观察指标同上。

9. 在体实验结束后，按照离体小肠平滑肌标本的制作方法制作离体小肠标本，放在乐氏液中，观察正常的离体小肠平滑肌的自动节律性收缩。

【注意事项】

1. 实验动物应先禁食 24h，于实验前 1h 饲喂食物。

2. 实验过程中应不断滴加与肠段等温的乐氏液，使肠段保持湿润。

3. 每个项目观察后都要用与肠段等温的乐氏液清洗肠段，待肠段恢复正常后再进行下一项步骤。

4. 滴加的试剂和药液要与肠段等温，30~35℃。

【思考题】

1. 阿托品、盐酸普萘洛尔、乙酰胆碱溶液、肾上腺素溶液对小肠平滑肌的收缩曲线有何影响？根据哺乳类动物小肠平滑肌的神经支配及神经递质的知识，讨论这些药品引起小肠平滑肌收缩曲线改变的机制。

2. 温度、酸碱度改变对小肠平滑肌收缩曲线有何影响？

3. 加入阿托品后再加入乙酰胆碱溶液或加入普萘洛尔后再加肾上腺素溶液对小肠平滑肌的收缩曲线各有何影响？为什么？如将加药顺序颠倒，小肠平滑肌的收缩曲线将如何改变？为什么？

4. 小肠内理化环境与小肠平滑肌生理特点有何联系？

（张松江）

第 3 节　大鼠胃液的分泌与调节

【实验目的】

1. 观察拟胆碱药、组胺和胃泌素 3 种体液对胃酸分泌的影响。

2. 理解胃液分泌的体液性调节。

【实验原理】

盐酸是胃液的主要成分之一，由胃腺的壁细胞分泌。胃酸的分泌受神经与体液的调节。乙酰胆碱、组胺和胃泌素是三种能直接作用于壁细胞上的相应受体以刺激胃酸分泌的体内物质，其作用可被各自的受体阻断剂所拮抗。

【实验对象】

成年雄性大鼠。

【实验材料】

1. 实验器材　大鼠手术器械一套、大鼠固定板、微量滴定管、pH 试纸、三角瓶、1mL 和 10mL 注射器、气管插管、食管插管（直径 2.0mm、长 20cm 的塑料管）、胃管（直径 4.0mm、长 10cm 的塑料管）。

2. 实验试剂　10% 水合氯醛、10mmol/L NaOH、1% 酚酞、0.1% 磷酸组胺、25% 西咪替丁注射液、0.01% 五肽胃泌素、0.001% 卡巴胆碱、1% 阿托品。

【实验步骤】

1. 实验前准备　大鼠禁食24h，自由饮水。

2. 麻醉与固定　用10%水合氯醛（0.35mL/kg）腹腔注射麻醉，仰卧位固定在台上。

3. 颈部手术　剪去颈部的被毛，在颈正中做一长1.5～2.0cm切口，分离皮下组织，暴露气管，行气管插管术。分离并剪开食管，将食管插管由食管插入胃内，结扎固定。

4. 腹部手术　剪去腹部的被毛，在剑突下沿腹正中线做一长约3cm的切口，打开腹腔，牵出十二指肠，在胃幽门与十二指肠交界处穿两根线，相距约1cm，空肠侧线进行结扎，幽门侧线打一松结。在两线之间剪开十二指肠，将胃管插入胃内，结扎固定。用注射器吸取37℃生理盐水，通过食管插管缓缓注入胃内，一边轻轻按压胃部，检查流出是否通畅，流出液有无血迹残渣。用盐水纱布覆盖管周以防干燥。

解开大鼠一侧的上下肢，体位由仰卧位改为侧卧位，以便使胃灌流通畅进行。另一侧肢体的缚绳也应放松。

5. 测定　手术完毕后，使动物稳定半小时。用注射器将10mL 37℃的生理盐水通过食管插管缓缓注入胃内，每10min一次。同时用三角瓶收集幽门管流出的液体，每10min为1个胃液样品。在每个样品中加1～2滴酚酞，用10mmol/L NaOH溶液滴定至刚好变色，将中和胃酸所用去的NaOH量（L）×NaOH物质的量（mol），即为每10min胃酸排出量，换算成微摩尔数（μmol）/10min来表示。

【观察项目】

1. 胃酸的基础分泌：收集3个以上胃酸样品，进行滴定，待连续3个样品数值接近以后，再进行以下各项实验。

2. 组胺的泌酸作用：皮下注射0.1%磷酸组胺0.1mL/100g，再继续收集6～8个样品，测其胃酸排出量。

3. 西咪替丁对组胺泌酸作用的影响：肌内注射25%西咪替丁0.1mL/100g，收集3个样品后，再皮下注射0.1%磷酸组胺0.1mL/100g，连续收集6～8个样品，测定每一个样品中的胃酸排出量。

4. 五肽胃泌素的泌酸作用：在收集对照样品后，皮下注射0.01%五肽胃泌素0.1mL/100g，再连续收集6～8个样品，测定其胃酸排出量。

5. 卡巴胆碱的泌酸作用：收集对照样品后，肌内注射0.001%卡巴胆碱0.1mL/100g，连续收集6～8个样品，测其胃酸排出量。

6. 阿托品对卡巴胆碱泌酸作用的影响：皮下注射1%阿托品0.1mL/100g，收集3个样品后，再肌内注射0.001%卡巴胆碱0.1mL/100g，连续收集6～8个样品，测其胃酸排出量。

【注意事项】

1. 实验中注意维持大鼠体温在正常范围内。

2. 手术过程要轻柔，尽量减少损伤和出血。

3. 滴定时要慢，酚酞要适量，滴定终点以流出液刚好变红，摇之不褪色，维持10s以上为准。每次滴定颜色要一致，不可时深时浅。

4. 手术后要放松对四肢的束缚，以免大鼠因疼痛而挣扎。

【思考题】

1. 体内乙酰胆碱、组胺和胃泌素分别来自何处？以何种方式发挥作用？

2. 为什么不切断大鼠迷走神经？若切断迷走神经，结果会有何不同？

（张松江）

第 4 节　兔胃运动观察

【实验目的】

1. 学习描记胃运动的实验方法，描记胃的自主运动曲线。
2. 观察胃运动的各种形式。
3. 观察神经、体液因素及针刺对胃运动的调节作用。

【实验原理】

消化道平滑肌具有自动节律性，可以形成多种形式的运动，主要有紧张性收缩、蠕动、分节运动等。消化道活动及其功能是在神经、体液因素调节下完成的。所以，在体内，胃的运动受到神经、体液等多种因素的影响和调节。其神经调节受交感神经和副交感神经双重调节，副交感神经通过释放乙酰胆碱使其运动加强，交感神经通过释放去甲肾上腺素使其运动减弱。针刺"足三里"也能影响胃的运动。

【实验对象】

家兔。

【实验材料】

1. 实验器材　BL-420 生物机能实验系统、计算机、哺乳类动物手术器械、兔手术台、保护电极、电刺激器、压力换能器、小号导尿管、三通开关、注射器（20mL、1mL）、纱布、棉花、手术线。
2. 实验试剂　20% 氨基甲酸乙酯溶液、0.01% 乙酰胆碱溶液、0.01% 肾上腺素溶液、阿托品、乐氏液。

【实验步骤】

1. 家兔的麻醉与固定　取家兔 1 只，称重，耳缘静脉注射 20% 氨基甲酸乙酯溶液麻醉（剂量 5mL/kg 体重）。注意前 3mL 可快速注射，以后逐渐减慢速度，并随时观察实验动物呼吸、心跳等生理指标。待动物麻醉后，取仰卧位将头部固定在兔手术台的兔头夹上或用一根粗棉线一端拴住动物的两颗门齿，另一端拴在实验台的立柱上。用粗棉线或绷带做好的双活扣套于家兔四肢关节上，将其固定好。
2. 气管插管　剪去颈部兔毛，沿颈部正中切开皮肤，用止血钳钝性分离气管，在甲状软骨以下剪开气管做一⊥形的切口（横切口长度约为气管直径的 1/3 且横切口不能超过气管直径的 1/2），向心端插入 Y 形气管插管，用手术线将气管插管结扎固定。
3. 分离迷走神经前支　在膈下食管的末端左侧，找出迷走神经的前支，分离后，下穿一条细线备用。
4. 胃内插管　将前端缚有小橡皮囊的导尿管由口腔经食管插入胃内，一般家兔插入 20cm 左右。将胃内插管经三通开关连到压力换能器（套管内不充灌乐氏液）。由气球从三通开关的侧管打入气体，使囊内压力升到 1kPa 左右，关闭三通开关的侧管，打开计算机，启动 BL-420 生物机能实验系统，单击菜单"实验项目"，按计算机提示逐步进入胃运动观察的实验项目。
5. 记录正常胃运动曲线　观察正常情况下胃的运动形式并记录胃运动曲线。
6. 分离内脏神经　以浸有温乐氏液的纱布将肠推向右侧，在左侧腹后壁肾上腺的上方找出左侧内脏大神经，下穿一条细线备用。用连续电脉冲（波宽 0.2 ms、强度 10V，10～20Hz）刺激内脏大神经 1～5 分钟，观察胃肠运动的变化。
7. 刺激迷走神经前支　用连续电脉冲（波宽 0.2 ms、强度 5 V，10～20 Hz）刺激膈下迷走神经前支 1～3 分钟，观察胃肠运动的改变。

8. 注射乙酰胆碱溶液　由家兔耳缘静脉注射 0.01% 乙酰胆碱溶液 0.5mL，观察并记录注射乙酰胆碱溶液对胃运动曲线的影响。

9. 注射肾上腺素溶液　由家兔耳缘静脉注射或在胃部直接滴加 0.01% 肾上腺素溶液 0.3mL，观察并记录注射肾上腺素溶液对胃运动曲线的影响。

10. 注射阿托品　先刺激迷走神经，胃运动明显增强时，从耳缘静脉注射阿托品 0.5～1.0mg，观察、记录注射阿托品对胃运动曲线的影响。再重复实验 7、8，观察、记录此时电刺激左侧迷走神经和注射乙酰胆碱溶液对胃运动曲线的影响。

【注意事项】

1. 胃肠在空气中暴露时间过长时，会导致腹腔温度下降。为了避免胃肠表面干燥，应随时用温乐氏液或温生理盐水湿润胃肠，防止降温和干燥。

2. 动物麻醉宜浅，可用低于 5mL/kg 的剂量进行麻醉。

3. 胃内插管时，注意兔气管插管的手术口，防止插管插入气管。

4. 每一实验项目前必须有同期对照，待前一项反应基本消失即胃运动曲线恢复正常后，再进行下一项实验。

【思考题】

1. 家兔胃正常运动曲线有何特征？

2. 刺激迷走神经对胃运动曲线有何影响？简述其作用机制。

3. 注射乙酰胆碱溶液对胃运动曲线有何影响？为什么？

4. 注射阿托品对胃运动曲线有何影响？试述其机制。

5. 注射肾上腺素溶液对胃运动曲线有何影响？试述其机制。

（张松江）

第 5 节　影响家兔胆汁分泌的因素

【实验目的】

观察不同因素对胆汁分泌的影响，理解其作用机制。

【实验原理】

胆汁由肝细胞分泌，生成后由肝管流出，经胆总管至十二指肠，或由肝管转入胆囊管而储存于胆囊，当消化时再由胆囊排至十二指肠。胆汁的分泌与排入十二指肠，除了受神经和体液的因素调节外，胆汁本身、肠液的酸碱度及药物因素也能影响胆汁分泌。

【实验对象】

健康成年兔。

【实验材料】

1. 实验器材　兔手术台、哺乳动物手术器械一套、BL-420 生物机能实验系统、计算机、刺激电极、注射器（20mL、5mL、1mL）、胆汁引流管、小烧杯。

2. 实验试剂　20% 氨基甲酸乙酯溶液、生理盐水、0.1mol/L 盐酸、1% 阿托品溶液。

【实验步骤】

1. 麻醉与固定　用 20% 氨基甲酸乙酯溶液 5mL/kg 从耳缘静脉缓慢注入，麻醉后将家兔仰卧固定于手术台上。

2. 颈部手术　行气管插管术。分离左侧迷走神经（其分支支配肝），穿线备用。

3. 上腹部手术　分别在十二指肠上端与空肠上端各穿一丝线备用，并进行胆总管插管术，用小烧杯收集胆汁备用。待胆汁流出速度稳定后，开始观察项目。

4. 记录正常引流每分钟胆汁滴数。

5. 电刺激迷走神经　BL-420 生物机能实验系统输出刺激，刺激方式：连续单刺激；强度：6V；波宽：0.5ms；频率：50Hz。持续电刺激左侧迷走神经 1～3min，观察、记录胆汁分泌的变化。

6. 酸化十二指肠　待胆汁分泌基本恢复后，将事先穿放在十二指肠上端和空肠上端的两根丝线扎紧，然后将 0.1mol/L 盐酸溶液 25mL 注入十二指肠内，观察、记录胆汁分泌的变化。

7. 静脉注射稀胆汁　待胆汁分泌基本恢复后，由耳缘静脉注射稀胆汁（用生理盐水稀释胆汁 1：1）4mL，观察、记录胆汁分泌的变化。

8. 静脉注射阿托品　待胆汁分泌基本恢复后，由耳缘静脉注射 1% 阿托品溶液 1mL，观察、记录胆汁分泌的变化。

9. 分别重复步骤 2 与步骤 4，观察、记录胆汁分泌的变化。

【注意事项】

1. 胆总管切口应靠近十二指肠一侧。

2. 施加各处理因素时注意时间间隔，待上一因素影响基本消除后再施加新因素；记录、对比施加处理因素前后的胆汁分泌量。

【思考题】

1. 结合实验说明胆盐肝肠循环的生理意义。

2. 应用阿托品后，刺激迷走神经与注射胆汁其结果有何不同？为什么？

（高剑峰）

第 6 节　胃肠运动的肉眼观察

【实验目的】

1. 观察正常情况下胃和小肠运动的形式。

2. 神经和某些体液因素对胃肠运动的影响。

【实验原理】

胃肠道各种形式的运动都是由胃肠道平滑肌的活动完成的。胃肠道平滑肌具有自动节律性，可以形成多种形式的运动，主要包括紧张性收缩、蠕动、分节运动等。在整体情况下，消化道平滑肌的运动受神经和体液的调节。胃肠平滑肌受交感神经和副交感神经的双重支配。副交感神经（主要是迷走神经）兴奋时，通过节后神经纤维末梢释放乙酰胆碱，与平滑肌细胞膜上的 M 受体结合，产生兴奋性效应，使胃肠运动加强。交感神经兴奋时，通过节后神经纤维末梢释放去甲肾上腺素，与平滑肌细胞膜上的 β_2 受体结合，产生抑制效应，使胃肠运动减弱。

本实验采用急性实验方法，剖开动物的腹腔，直接观察胃肠道的各种运动形式及神经和某些体液因素对胃肠道运动的影响。

【实验对象】

家兔。

【实验材料】

1. 实验器材　电子秤、兔手术台、哺乳类动物手术器械一套、保护电极、刺激器、注射器、纱布、气管插管。

2. 实验试剂　乐氏液、20% 氨基甲酸乙酯溶液、阿托品注射液、新斯的明注射液、0.01% 肾上腺素溶液、0.01%乙酰胆碱溶液。

【实验步骤】

1. 动物手术

（1）麻醉与固定：取一只家兔，称重后耳缘静脉注射20%氨基甲酸乙酯溶液5mL/kg，待家兔麻醉后仰卧位固定于兔手术台上，使家兔颈部四肢躯干充分伸展。

（2）气管插管：剪毛后在颈部正中切开皮肤5～7cm，用血管钳分离浅筋膜和颈前部肌肉，分离气管2～3cm左右长度，在其下方穿线备用，然后在甲状软骨下1cm处的气管软骨环之间做一⊥形切口，除净气管内异物，向心方向插入Y形气管插管并结扎固定。

（3）腹部手术：将剑突下正中区域被毛剪掉，自剑突下沿腹正中线切开腹壁皮肤10cm，再沿腹白线打开腹腔，露出胃及肠，在膈下食管的前方找出迷走神经前支，分离穿线，套以保护电极。

（4）保温：用4把血管钳将腹壁夹住，提起外翻，固定在兔台两侧的C形夹支柱上，形成一皮兜，再用温热乐氏液（38～40℃）灌入腹腔，以浸没全部胃肠道。为防止热量散失，腹部上方可用手术灯照射加温。

2. 观察项目

（1）观察正常情况下胃肠运动，注意胃肠的蠕动和紧张性以及小肠的分节运动。

（2）用适宜频率和强度的电刺激，刺激膈下迷走神经，观察胃肠运动的变化。可反复刺激直至出现明显的反应。

（3）在胃和小肠上局部滴加0.01%肾上腺素溶液2～3滴，观察胃肠运动的变化，出现反应后立即用温热的乐氏液冲洗掉。

（4）在胃和小肠上局部滴加0.01%乙酰胆碱溶液2～3滴，观察胃肠运动的变化，出现反应后立即用温热的乐氏液冲洗掉。

（5）由耳缘静脉注射新斯的明0.2～0.3mL，观察胃肠运动的变化。

（6）在新斯的明作用的基础上，由耳缘静脉注射阿托品0.5mL，观察胃肠运动的变化。

【注意事项】

1. 气管插管前一定要把气管内异物清理干净后再插管。

2. 腹部切开时应注意止血。

3. 为避免胃肠暴露时间过长，以致腹腔内温度下降，影响胃肠活动，应随时补加乐氏液湿润胃肠。

4. 保护耳缘静脉，注射时应先从耳尖部进针，如不成功，再向耳根部移位。

【思考题】

1. 正常情况下胃、小肠和大肠各有哪些运动形式？

2. 耳缘静脉注射肾上腺素溶液和乙酰胆碱溶液时，胃肠运动有何变化？为什么？

3. 耳缘静脉注射新斯的明时，胃和小肠的运动有何变化？为什么？然后再注射阿托品，胃和小肠的运动有何变化？为什么？

（张松江）

第7节　影响小鼠小肠推进速度的因素

【实验目的】

1. 掌握影响小肠推进速度的因素。

2. 了解炭末法的应用。

3. 掌握小鼠灌胃技术。

【实验原理】

1. 胃肠道功能主要体现在推进食物的快慢以及对食物的吸收质量。实验前实验动物禁食，以排尽体内于实验前所食用食物。排空后再用带指示剂食物灌胃，察看小鼠胃肠对食物的推进率及吸收情况。

2. 炭末为黑色粉末，颜色明显。用炭末作为指示剂，便于观察小鼠胃肠道对"食物"的消化推动作用；

3. 小肠平滑肌受交感神经和副交感神经的双重支配。副交感神经（主要是迷走神经）兴奋时，通过节后神经纤维末梢释放乙酰胆碱，与平滑肌细胞膜上的 M 受体结合，产生兴奋性效应，使小肠运动加强。阿托品作为乙酰胆碱的阻断剂，可以抑制小肠的运动。肾上腺素作为体液因素可以与小肠平滑肌的 β_2 受体结合，抑制小肠的运动。

【实验对象】

小鼠 18 只（雄性，体重 18～22g）。

【实验材料】

1. 实验器材　玻璃棒、50mL 烧杯（3 个）、电子天平、普通天平、小鼠灌胃针头（4 个）、2mL 注射器（4 个）、计时器、鼠笼（6 个）、蛙板、直尺、眼科镊、眼科剪、研钵、白纸。

2. 实验试剂　生理盐水、炭末、蒸馏水、硫酸阿托品注射液、盐酸肾上腺素注射液。

【实验步骤】

1. 动物分组　动物称重，挑选 18～22g 小鼠 18 只（雄性），随机分为正常对照组、阿托品组和肾上腺素组，每组各 6 只。实验前小鼠禁食 12h（可自主饮水），实验前 2h 禁水。

2. 试剂配制

（1）阿托品实验组：取硫酸阿托品注射液 0.02g，与 1g 炭末混匀，加入 10mL 蒸馏水制成混悬液，抽取 1mL 给小鼠灌胃，记录灌胃时间。

（2）肾上腺素实验组：取肾上腺素溶液 0.1mg 与 1g 炭末混匀，加入 10mL 蒸馏水制成混悬液，抽取 1mL 给小鼠灌胃，记录灌胃时间。

（3）生理盐水对照组：1g 炭末与 10mL 生理盐水制成混悬液，吸取 1mL 给小鼠灌胃，记录灌胃时间。

3. 灌胃后将小鼠分别装入鼠笼，30min 后采用颈椎脱臼法处死小鼠，剪出小鼠从胃幽门处至回盲部肠段，小心拉直，测量小肠全长以及炭末在小肠中的推进距离（平均值），计算炭末推进率，将测量和计算结果填入表 9-2 中。

表 9-2　影响小鼠小肠推进的因素

检测指标	生理盐水对照组	阿托品实验组	肾上腺素溶液实验组
小肠总长 /mm			
炭末推进距离 /mm			
炭末推进率 / %			

备注：炭末推进距离即炭末最前缘到胃幽门的距离

炭末推进率＝炭末推进距离 / 小肠全长 ×100%

【注意事项】

1. 阿托品和肾上腺素溶液一定要与炭末充分混匀，以免影响实验结果。

2. 检测结果是每组 6 只小鼠的平均值，同时要统计实验组和对照组之间有无显著性差异。

【思考题】

1. 阿托品和肾上腺素影响小肠推进的机制是什么？
2. 促进小肠推进是小肠哪种运动形式的结果？

（刘　永）

第 8 节　消化系统功能调节及药物对肠管的影响

【实验目的】

1. 观察正常情况下，食管、胃和小肠的运动形式以及神经和一些药物对它们运动的影响。
2. 观察胰液和胆汁分泌的神经及体液调节的机制。

【实验原理】

　　食管蠕动是复杂的吞咽反射动作的组成部分，是一种反射活动。分别刺激吞咽反射的传入和传出神经，可观察和分析吞咽反射和食管蠕动的发生过程及特征；胃肠道平滑肌经常维持一定的紧张度并产生一定形式的收缩运动，整体内消化道运动受神经和体液因素的调节。根据胃肠道平滑肌上传出神经递质的受体分布特点，可观察拟、抗胆碱药物及拟、抗肾上腺素药物对胃肠平滑肌的作用。胰液和胆汁的分泌是受神经和体液因素控制的。迷走神经是调节胆汁、胰液分泌的传出神经，而胆汁、盐酸、促胰液素是影响胆汁、胰液分泌的体液因素。

【实验对象】

　　家兔。

【实验材料】

　　1. 实验器材　兔手术台、哺乳动物手术器械一套、注射器（1mL、10mL、20mL）、手术线、细塑料管两根（15cm）、刺激电极（或保护电极）、培养皿、BL-420 生物机能实验系统。

　　2. 实验试剂　20% 氨基甲酸乙酯溶液、1% 阿托品溶液、新斯的明注射液、乐氏液、0.5% 盐酸溶液、0.01% 肾上腺素溶液、0.01% 乙酰胆碱溶液、NaOH 溶液、粗制促胰液素、胆汁。

【实验步骤】

　　1. 吞咽反射和食管蠕动的观察

　　（1）家兔麻醉与固定：耳缘静脉注射 20% 氨基甲酸乙酯溶液（5mL/kg）进行麻醉，仰卧位固定于兔台上。

　　（2）颈部正中剪毛，沿正中线切开皮肤 5～7cm，分离气管并在其下方穿线，以便牵引气管，观察食管运动。

　　（3）在甲状软骨右侧分离喉上神经，左侧分离迷走神经，并分别在其下方穿双线，以备结扎用。

　　（4）牵拉气管的牵引线，使食管暴露，观察无刺激时，食管有无蠕动，并进行以下操作：①用中等强度连续电刺激作用于食管，观察有何反应；②电刺激喉上神经，观察有无吞咽活动及食管蠕动波；③在喉上神经双结扎线之间剪断，分别刺激其中枢端和外周端，观察食管蠕动波有何不同；④刺激左侧迷走神经，观察是否有吞咽活动及食管蠕动波；⑤剪断迷走神经，分别刺激其中枢端和外周端，观察食管蠕动波有何不同。

　　2. 胃和小肠运动的观察

　　（1）剪去上腹部兔毛，自剑突下沿正中线切开腹壁 8～10cm，暴露胃和小肠。

　　（2）在膈下食管末端找出迷走神经的前支，套以保护电极。

　　（3）以温纱布将肠推向右侧，在左侧腹后壁肾上腺上方找出左侧内脏大神经，套以保护电极。

（4）观察正常情况下胃的紧张度和运动，以及小肠蠕动、分节运动（如胃肠运动不明显，可用浸 45℃乐氏液纱布覆盖在其表面数秒钟后再观察），并进行以下操作：①电刺激膈下迷走神经，观察胃肠运动的变化；②电刺激内脏大神经，观察胃肠运动及肠壁颜色的变化；③在胃和小肠上，局部滴加 0.01% 肾上腺素溶液 2~3 滴，观察胃肠运动变化；④在胃和小肠上，局部滴加 0.01% 乙酰胆碱溶液 2~3 滴，观察胃肠运动变化；⑤耳缘静脉注射新斯的明 0.2~0.3mg，观察胃肠运动变化；⑥在注射新斯的明基础上，静脉注射阿托品 0.5mg，再观察胃肠运动的变化。

3. 胰液和胆汁的分泌

（1）在胃贲门部找到沿食管右侧下行的迷走神经，双线结扎中间剪断，在其远心端固定保护电极。

（2）在十二指肠上端与幽门相接处，有一被胆总管进入十二指肠时拱起的肌性隆起，隆起两侧有细小的血管。在距肌性隆起顶端 0.5cm 左右用眼科镊将胆总管及隆起肌肉一同游离，并穿线备用，用眼科剪在距备用线 0.3cm 左右将胆总管剪一小口，用眼科镊试探是否剪开了胆总管，然后将塑料管一端向胆囊方向插入，并用线结扎固定，另一端下面放培养皿接外流的胆汁。

（3）在十二指肠第一个弯部，可见胰腺中有一些白色小管汇合成一个总管，最后进入十二指肠，此为胰管。在胰管下穿一根线，于靠近十二指肠入口处剪一小口，将充满乐氏液的细塑料管插入，并结扎固定。

（4）观察正常状态下，胰液和胆汁的分泌量。

（5）十二指肠内缓慢注射 37℃ 的 0.5% 稀盐酸溶液 50mL，观察胰液和胆汁分泌量的变化。

（6）耳缘静脉注射促胰液素 1mL，观察胰液和胆汁分泌量的变化。

（7）耳缘静脉注射稀胆汁（1mL 胆汁＋9mL 生理盐水）1mL，观察胰液和胆汁分泌量的变化。

（8）重复强电刺激迷走神经 2min，间断刺激数次，观察它们分泌的情况。

将实验结果记录在表 9-3 中并进行分析。

表 9-3　影响胰液和胆汁分泌的因素

观察项目	胰液分泌 /（滴 / 分）	胆汁分泌 /（滴 / 分）
0.5%HCl 溶液 50mL		
促胰液素 5mL		
1mL 胆汁＋9mL 生理盐水		
电刺激迷走神经（外周端）		

【思考题】

1. 试述食管、胃和小肠的运动形式，举例说明神经和药物如何调节胃肠运动？

2. 静脉注射 HCl、促胰液素和稀胆汁对胆汁、胰液分泌各有何影响，为什么？

【附】

1. 促胰液素的制法　将家兔麻醉或处死，从十二指肠首端开始向下共截取约 70cm 长的小肠。将肠腔洗净，纵向剪开，平铺在木板上。用刀刮下全部黏膜匀浆，并加入 0.5%HCl 溶液 10~15mL。将得到的稀浆倒入瓷杯中，再加入 0.5%HCl 溶液 100~150mL，煮沸 10~15min，然后用 10%~20%NaOH 溶液趁热中和，玻璃棒搅拌均匀，检查对石蕊试纸的反应，待至中性时，用滤纸趁热过滤。在急性动物实验时可把滤液调至弱酸性用。粗制促胰液素应保存于低温下，避免活性迅速下降。

2. 胆汁来源　取自由胆总管引流出来的胆汁。

（张松江）

第10章 泌尿系统实验

第1节 尿生成的神经体液调节

【实验目的】

1. 学习家兔尿液引流的方法。
2. 观察神经、体液等不同生理因素对动物尿生成的影响,以加深对尿生成调节的理解。

【实验原理】

尿的生成包括肾小球的滤过、肾小管和集合管的重吸收及分泌三个过程。肾小球的滤过作用取决于滤过膜的通透性和面积、肾小球的有效滤过压和肾血浆流量。肾小管和集合管重吸收作用主要受小管液渗透压和肾小管上皮重吸收能力影响。凡对这些过程有影响的因素都可影响尿的生成,从而引起尿量的改变。

本实验静脉注射生理盐水增加肾血浆流量使肾小球的滤过、尿量增多;注射去甲肾上腺素溶液致肾血管收缩、肾血流量减少、尿量减少;静脉注射葡萄糖增加肾小管液溶质浓度引起渗透性利尿;垂体后叶素促进远曲小管和集合管对水的重吸收使尿量减少。

【实验对象】

家兔。

【实验材料】

1. 实验器械 兔手术台、哺乳动物手术器械一套、气管插管、动脉插管、细塑料管(或膀胱漏斗)、计滴器、注射器(1mL、5mL、20mL)及针头、烧杯、BL-420生物机能实验系统。

2. 实验试剂 生理盐水、20%氨基甲酸乙酯溶液、25%葡萄糖溶液、尿糖试纸、0.01%去甲肾上腺素溶液、垂体后叶素。

【实验步骤】

1. 动物准备 家兔一只,称重后,用20%氨基甲酸乙酯溶液(5mL/kg)由家兔耳缘静脉注射,麻醉后仰卧位固定于兔手术台上,剪去颈部和下腹部手术野的毛。

2. 手术

(1)颈部手术

1)气管插管:在颈部正中切开皮肤6~7cm,分离皮下组织及肌肉,暴露出气管。在气管靠头侧做⊥形切口,然后插入气管插管并固定。

2)分离右侧的迷走神经,穿线备用。手术完毕后,用浸有温生理盐水(37℃)的纱布覆盖创面。

(2)尿液收集:尿液的收集可选用膀胱导管法、输尿管插管法和尿道导尿法(雄兔)。在耻骨联合向上做长3~4cm的皮肤切口,分离皮下组织并沿腹白线切开腹壁。将膀胱向尾侧翻转出腹腔外浸有温热生理盐水的纱布上,辨认清楚输尿管在膀胱开口的部位,待插管收集尿液。

1)膀胱导尿法:先辨认清楚膀胱和输尿管的解剖部位,并小心向肾侧仔细地分离两侧输尿管2~3cm,在其下方穿一条线,将膀胱上翻用线结扎膀胱颈部以阻断它同尿道的通路。然后,在膀胱顶部选择血管较少处,剪一纵行小切口,插入膀胱漏斗(可用膀胱插管或一弯头滴管代替),

膀胱漏斗的喇叭口应对着输尿管开口处并紧贴膀胱壁。但不要堵塞输尿管。将切口边缘固定于膀胱漏斗的凹槽上，膀胱漏斗的另一端则用导管连接至计滴器，并提前在它们中间充满生理盐水，手术结束后用温（37℃）生理盐水纱布覆盖腹部创口。

2）输尿管插管法：暴露膀胱三角，沿膀胱找到并分离两侧输尿管，在靠近膀胱处穿线将其结扎；再在此结扎处约 2cm 的近肾端穿一条线备用，在靠近结扎线处用眼科剪在管壁上剪一斜向肾的小口，把充满生理盐水的细塑料管向肾方向插入输尿管，以备用线结扎固定，此时可看到有尿液滴出。再以同样的方法插好另一侧输尿管。将两插管并在一起连至计滴器。手术完毕后，用温生理盐水纱布覆盖腹部切口。

3）尿道导尿法（适用于雄兔）：将充满生理盐水的导管从雄兔的尿道口插入膀胱 7～9cm，见有尿液滴出即可，用胶布将导尿管固定在家兔身体上和兔台上，轻压下腹部加速膀胱排空。

3. 实验装置的连接与使用　刺激电极与系统的刺激输出相接。进入 BL-420 生物机能实验系统，计数尿滴数。

4. 正常尿量　记录实验前动物的基础尿量（滴 /min）作为正常对照资料。

5. 注射生理盐水　由耳缘静脉注射 37℃生理盐水 20mL（1min 内注射完），观察尿量的变化。

6. 刺激右侧迷走神经　结扎并剪断右侧迷走神经，用中等强度的电流连续刺激其外周端 20～30s，记录尿量。

7. 耳缘静脉注射 20% 葡萄糖液 5mL　当尿量增多时，再取 2 滴尿液做尿糖定性试验。

8. 注射去甲肾上腺素溶液　由耳缘静脉注射 0.01% 去甲肾上腺素溶液 0.5mL，观察尿量的变化。

9. 注射垂体后叶素　自耳缘静脉注射垂体后叶素 2～5 U，观察尿量的变化。

【注意事项】

1. 为保证动物在实验时有充分的尿液排出，实验前给兔多食菜叶或饮水。

2. 本实验需多次兔耳缘静脉注射，故需注意保护耳缘静脉。应尽量从静脉远端开始注射，逐步移向根部，以免造成后期注射困难。必要时可用静脉留置针。

3. 手术操作应尽量轻柔，腹部切口不宜过大。剪开腹膜时，注意勿伤及内脏。

4. 输尿管插管时，应仔细辨认输尿管，要插入输尿管腔内，勿插入管壁与周围结缔组织间，插管应妥善固定，防止滑脱。同时，注意防止输尿管被血凝块堵塞或扭曲而阻碍尿液排出。

5. 每项实验必须在前一项实验效应基本消失、尿量和血压基本恢复到正常水平时再进行下一项实验。做每一项实验时，要观察全过程，这样可以了解药物作用的潜伏期、最大作用期及恢复期等各个阶段。

6. 刺激迷走神经时，注意刺激的强度不要过强，时间不要过长，以免血压急剧下降，心脏停搏。

【思考题】

1. 本实验各观察项目所记录的尿量等变化，试分析出现这些变化的机制。

2. 为什么注射垂体后叶素，观察反应的时间应长些？试从观察结果分析其抗利尿作用。

3. 尿的生成受哪些因素的影响或调节？其机制是什么？

（张松江）

第 2 节　大鼠离体膀胱平滑肌收缩的影响因素

【实验目的】

1. 掌握大鼠离体膀胱平滑肌的制作方法。

2. 掌握影响大鼠离体膀胱平滑肌收缩的因素。

【实验原理】

膀胱的主要功能是储存和排出尿液，是一种可发生自发收缩或意识调控收缩的器官。在排尿的过程中，膀胱平滑肌作为排尿动力的主要来源，其排空依赖平滑肌细胞的收缩，这个过程受到神经、体液、离子通道等多种因素的调控。膀胱平滑肌受交感神经和副交感神经的双重支配。副交感神经（主要是盆神经）兴奋时，通过节后神经纤维末梢释放乙酰胆碱，与平滑肌细胞膜上的 M 受体结合，产生兴奋性效应，使膀胱平滑肌运动加强。交感神经兴奋时，通过节后神经纤维末梢释放去甲肾上腺素，与平滑肌细胞膜上的 β_2 受体结合，产生抑制效应，使膀胱平滑肌运动减弱。肾上腺髓质分泌的肾上腺素同样与平滑肌细胞膜上的 β_2 受体结合，产生抑制效应，使膀胱平滑肌运动减弱。普萘洛尔作为 β 受体的阻断剂抑制肾上腺素和去甲肾上腺素的作用，使膀胱平滑肌收缩加强。阿托品作为 M 受体的阻断剂，抑制盆神经递质乙酰胆碱的作用，使膀胱平滑肌收缩减弱。

【实验对象】

大鼠。

【实验材料】

1. 实验器材　BL-420 生物机能实验系统、计算机、哺乳类动物手术器械 1 套、氧气瓶、螺旋夹、玻璃分针、张力换能器（量程为 25g 以下）、烧杯、温度计、乳胶管、麦氏浴槽或恒温平滑肌槽。

2. 实验试剂　Kerbs 液、0.01% 肾上腺素溶液、0.01% 乙酰胆碱溶液、1mol/L 盐酸普萘洛尔、1mol/L 盐酸、0.01% 阿托品。

【实验步骤】

1. 恒温平滑肌槽或麦氏浴槽的准备

（1）恒温平滑肌槽：在恒温平滑肌槽的中心管加入 Kerbs 液，外部容器中加装温水，开启电源加热，浴槽温度将自动稳定在（37±0.5）℃。将浴槽通入 95%O_2＋5%CO_2 混合气体。

（2）麦氏浴槽：将麦氏浴槽置于水浴装置内，水浴装置中水的温度恒定在 38℃ 左右，在麦氏浴槽内盛（37±0.5）℃ Kerbs 液，温度计悬挂在浴槽内，用以监测温度的变化。氧气瓶经乳胶管缓慢向浴槽底部通氧气，调节乳胶管上的螺旋夹，控制通氧气速度，使氧气气泡一个接一个地通过中心管，为 Kerbs 液供氧。

2. 离体膀胱平滑肌标本制作和安装　颈椎脱臼法迅速处死大鼠，剖腹，取出膀胱，剪成 5mm×2mm 膀胱平滑肌条，并立即置于含有 Kerbs 液的平滑肌槽或麦氏槽中［（37℃ ±0.5）℃，pH 值为 7.2～7.4］。连续通入 95%O_2＋5%CO_2 混合气体，经肌肉张力换能器将信号输入 BL-420 系统（图 10-1），待肌条的自发活动稳定时，开始记录肌条的收缩活动。

3. 连接实验仪器装置

（1）张力换能器接到 BL-420 生物机能实验系统第 1 通道上。

（2）打开计算机，启动 BL-420 生物机能实验系统，在菜单条单击"输入信号"菜单，1 通道选择"张力"，单击工具栏"开始"图标，进入实验项目。待平滑肌收缩频率较稳定后，记录膀胱平滑肌正常收缩的张力曲线。

4. 乙酰胆碱溶液的作用　用滴管向浴槽内滴加 0.01% 乙酰胆碱溶液 2 滴，观察平滑肌收缩曲线有无变化。观察到明显效应后，立即从浴槽排水管放出含有乙酰胆碱溶液的 Kerbs 液，加入预先准备好的（37±0.5）℃ Kerbs 液。

5. 阿托品的作用　重复更换 2～3 次（37±0.5）℃ Kerbs 液，使残留的乙酰胆碱溶液达到无效浓度。待平滑肌的收缩曲线恢复至对照水平时，用滴管向浴槽内滴入 0.01% 阿托品 2～4 滴，观察指标同上。观察到明显效应后，再加入 0.01% 乙酰胆碱溶液 2 滴，观察平滑肌的收缩曲

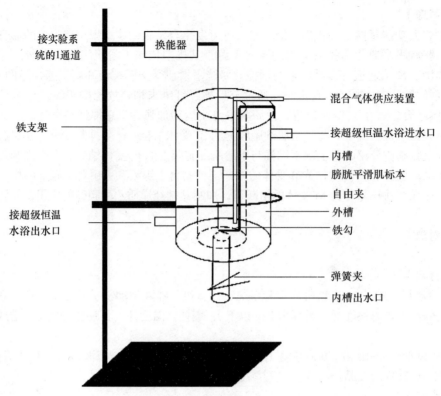

图 10-1　膀胱平滑肌的标本安装

线有无变化。

6. 肾上腺素溶液的作用　更换 2～3 次（37±0.5）℃ Kerbs 液，待平滑肌的收缩曲线恢复至对照水平时，在浴槽中加入 0.01% 肾上腺素溶液 2 滴，观察指标同上。

7. 盐酸普萘洛尔的作用　重复更换 2～3 次（37±0.5）℃ Kerbs 液，使残留的肾上腺素溶液达到无效浓度。待平滑肌的收缩曲线恢复至对照水平时，用滴管向浴槽内滴入盐酸普萘洛尔 1mg，观察指标同上。观察到明显效应后，再加入 0.01% 肾上腺素溶液 2 滴，观察平滑肌的收缩曲线有无变化。

8. H⁺ 的作用　更换 2～3 次（37±0.5）℃ Kerbs 液，待平滑肌的收缩曲线恢复至对照水平时，在浴槽中加入 1mol/L 盐酸溶液 2 滴，观察指标同上。

【注意事项】

1. 标本连线必须垂直，并不得与浴槽管壁、通气管或温度计接触，以免相互摩擦影响记录。

2. 实验过程中，必须保证标本的供氧及浴槽内 Kerbs 液温度恒定 [（37±0.5）℃]。

3. 麦氏浴槽放入标本后，由室温开始加热。

4. 实验过程中应力求保持 Kerbs 液的温度稳定、液面的高度固定、通氧速度恒定。实验中可根据平滑肌的反应曲线改变各药液的加入量，实验效果明显后，更换 Kerbs 液要快，以免平滑肌出现不可逆反应。

5. 灌流浴槽内的液面高度应保持相对恒定。

6. 待平滑肌恢复正常后再进行下一项实验。

【思考题】

1. 维持大鼠离体膀胱平滑肌标本活性需要什么条件？

2. 阿托品、盐酸普萘洛尔、乙酰胆碱、肾上腺素对膀胱平滑肌的收缩曲线有何影响？根据哺乳类动物膀胱平滑肌的神经支配及神经递质的知识，讨论这些药品引起膀胱平滑肌收缩曲线改变的机制。

3. 酸碱度改变对平滑肌收缩曲线有何影响？

4. 加入阿托品后再加入乙酰胆碱溶液或加入普萘洛尔后再加肾上腺素溶液对膀胱平滑肌的收缩曲线各有何影响？为什么？如将加药顺序颠倒，膀胱平滑肌的收缩曲线将如何改变？为什么？

（张松江）

第 3 节　肾功能的检测

【实验目的】

1. 学习人体肾功能检测的基本方法。

2. 了解肾功能检测的临床意义。

3. 认识肾功能检测方法的筛选。

【实验对象】

人。

【实验步骤】

肾功能的检测包括肾小球滤过功能的检测、肾小管排泄与重吸收功能的检测和肾血流量的测定。

1. 肾小球功能的检测　指标包括血清尿素氮、血清肌酐（Creatinine, Cr）、内生肌酐清除率（Creatinine clearance rate, Ccr）和血清尿酸（Uric acid, UA）的测定。肾小球滤过功能下降时，血清中的尿素、尿酸和肌酐等代谢产物滤过减少。

（1）血清尿素氮的测定：血清中尿素在氨基硫脲存在下，与二乙酰一肟在强酸溶液中共煮时，可生成双乙酰和尿素形成的红色复合物（二嗪衍生物），其颜色深浅与尿素含量成正比，与同样处理的尿素标准液比色，即可求得血清中尿素的含量。

（2）血清肌酐测定：肌酐是人体内肌酸代谢的终产物，由肾排出。由于肾可通过肾小管排泄肌酐，故在肾疾病初期时血肌酐值通常不高，直至中等或严重肾实质性损害时，血清肌酐值才增高。故血清肌酐测定对中晚期肾病有临床意义。在碱性条件下，苦味酸与血中肌酐作用，生成黄红色苦味酸肌酐，使溶液呈色后进行比色测定，然后加醋酸，在酸性条件下，黄红色的苦味酸肌酐被清除，非肌酐物质（假肌酐）呈色，两者比色之差为实际肌酐。与同样处理的肌酐标准液比色，求得其含量。按表 10-1 的操作步骤测定血清肌酐。

表 10-1　血清肌酐测定

项　　目	标准管 /mL	测定管 /mL	空白管 /mL
肌酐标准应用液 /（0.02mg/mL）	0.2	—	—
血清	—	0.2	—
蒸馏水	—	—	0.2
碱性苦味酸	2.0	2.0	2.0

加样完毕后混匀，置 37℃ 水浴 30min，空白管调零，在 510nm 波长处比色，读 OD 值，然后

在各试管内滴加醋酸两滴，放置 6min 后，再测 OD′ 值。血清肌酐含量计算：

$$[Cr]_p(mg/L)=(OD_{测}-OD'_{测})/(OD_{标}-OD'_{标})\times0.02\times1000$$

（3）内生肌酐清除率测定：内生肌酐清除率实验可反映肾小球滤过功能和粗略估计有效肾单位的数量，故为测定肾损害的定量实验。留取患者 24h 尿液并在末次留尿同时抽血 2mL，血肌酐测定同上。

尿肌酐测定按表 10-2 操作。

表 10-2　尿肌酐测定

项　　目	标准管 /mL	测定管 /mL	空白管 /mL
肌酐标准应用液 /（0.05mg/mL）	0.1	—	—
尿液（1：50 稀释）	—	0.1	—
蒸馏水	—	—	0.1
碱性苦味酸	2.0	2.0	2.0
12.5%NaOH	0.5	0.5	0.5

将各试管混匀，放置 10min 后加蒸馏水 6.0mL，摇匀，以 530nm 波长比色，空白管调零，读 OD 值，尿液中肌酐含量计算：

$$[Cr]_u(mg/L)=OD_{测}/OD_{标}\times0.05\times1000\times50$$

$$内生肌酐清除率=尿肌酐/血肌酐\times24h尿（L）$$

（4）血尿酸测定：取空腹静脉血，不抗凝，分离血清进行测定。尿酸是体内嘌呤代谢的最终产物。食物中的核酸分解生成嘌呤，体内组织中的核酸分解生成嘌呤核苷，嘌呤和嘌呤核苷经过水解、脱氨和氧化作用生成尿酸。尿酸除一小部分在肝分解破坏外，大部分经肾排出。全部尿酸由肾小球滤过，在近端肾小管中 98%～100% 的尿酸被重吸收，故正常情况下尿酸的清除率甚低，即肾排出肌酐较易而排出尿酸较难。在肾病变早期尿酸浓度首先增高，因而有助于肾功能损害的较早诊断。

2. 肾小管的排泄功能评定——酚红排泌实验　酚红是对人体无害的染料，经静脉注射后，大部分与血浆白蛋白结合。除 20% 由肝清除、经胆道排出外，其余 80% 由肾排出。其中 94% 由近端小管上皮细胞主动排泌，所以，尿液中排出的酚红的量可作为判断近端肾小管排泌功能的指标。实验步骤如下：

（1）家兔耳缘静脉注射 0.6% 的酚红溶液 1mL，然后从颈外静脉注射 20% 葡萄糖溶液 30mL。收集从注射酚红后 15min 或 30min 的尿量，计算单位时间内尿量（mL/min）。

（2）将收集到的尿液倒入 500mL 量杯内，加入 10%NaOH 溶液 10mL，用蒸馏水补充至 500mL 刻度，混匀后取适当量放入与比色管口径相同的试管中与标准比色管比较，得出 15min 或 30min 内肾酚红排泄率。

3. 肾小管的重吸收功能评定——浓缩稀释实验　浓缩稀释实验是测定远端肾单位功能的实验。正常人缺水、大量出汗、呕吐、腹泻等引起脱水时，因血容量不足，尿量减少，尿液的比重上升至 1.020 以上、尿液渗透压浓度高于血浆渗透压浓度，形成高渗尿，即尿液被浓缩。相反，在大量饮水或应用利尿药后，尿量增加，尿液比重降低至 1.010 以下、尿液的渗透压浓度低于血浆渗透压浓度，形成低渗尿，即尿液被稀释。当肾发生病变，损及远曲小管和集合管时，对水分的重吸收功能减退，肾不能按机体对水分的需要而调节，则尿的浓缩和稀释发生改变，排出的尿量与比重会表现出明显的异常。

4. 肾血流量的测定——^{131}I- 马尿酸清除率　利用 ^{131}I- 马尿酸能迅速通过肾分泌和排泄的原理，分别测定它在肾中通过肾动脉、肾小管和尿道所需时间及放射性强度，描记成曲线即为肾图，主要用于肾功能的测定。

【注意事项】

1. 肾功能检查可以早期发现肾病，并可了解肾受损的部位和程度，有助于诊断和指导治疗。但是，肾病时不一定有肾功能损害，因为肾储备能力很大，有些肾功能异常在肾损害明显时才出现。

2. 对肾病变及其程度做出明确的判断，除了要根据肾功能检查指标外，尚需同时结合病史、临床表现、尿液检查及肾病理检查等进行综合评定。

【思考题】

1. 清除率的概念及临床测定的意义。

2. 临床上常用肾功能检测指标有哪些?

（张松江）

第11章 神经系统实验

第1节 反射时的测定与反射弧分析

【实验目的】

本实验利用脊蛙分析反射弧的组成，探讨反射弧的完整性与反射活动的关系。

【实验原理】

在中枢神经系统参与下，机体对刺激所引起的适应性反应称为反射。反射活动的结构基础是反射弧，包括感受器、传入神经、中枢、传出神经和效应器五部分。反射弧的任何一部分受到破坏或发生障碍时，都不能实现完整的反射活动。

【实验对象】

蛙或蟾蜍。

【实验材料】

两栖类动物手术器械1套、万能支台、双凹夹、肌夹、刺激电极、电刺激器、金属探针、玻璃分针、滤纸片、棉球、纱布、烧杯、1%硫酸溶液。

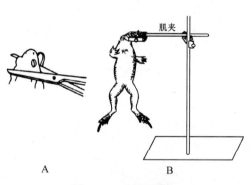

图11-1　反射弧测定

A. 沿口裂剪去上方头颅；B. 脊蛙

【实验步骤】

制备脊蛙：取蛙一只，用左手固定，用粗剪刀横向伸入口腔两侧口裂剪去上方头颅，保留下颌部分，以棉球压迫创口止血，然后用肌夹夹住下颌，悬挂在铁支架上（图11-1），以一小棉球塞入创口止血。

【观察项目】

1. 用培养皿盛1%硫酸溶液，将蛙左侧后肢的脚趾尖浸于硫酸溶液中，观察屈肌反射有无发生。然后用烧杯盛自来水洗去皮肤上的硫酸溶液，并用纱布擦干。

2. 围绕左侧后肢在趾关节上方皮肤做一环状切口，将足部皮肤剥掉，重复步骤1，观察屈肌反射有无发生。

3. 按步骤1的方法以硫酸溶液刺激右侧脚趾尖，观察屈肌反射有无发生。

4. 分离、剪断坐骨神经：在右侧大腿背侧剪开皮肤，在股二头肌和半膜肌之间分离坐骨神经，在神经上做两个结扎，在两个结扎之间剪断神经，并重复实验步骤3，观察右后肢的反应。

5. 以适当强度的连续脉冲分别刺激右坐骨神经的中枢端和外周端，观察实验变化。

6. 以探针破坏蛙的脊髓，再分别刺激右坐骨神经的中枢端和外周端，观察实验变化。

7. 直接电刺激右侧腓肠肌，观察腓肠肌活动变化。

【注意事项】

1. 剪颅脑部位应适当，太高则脑组织部分残留，可能会出现自主活动；太低则伤及高位脊髓，可能使上肢的反射消失。

2. 破坏脊髓时应完全，以见到两下肢伸直、肌肉松软为指标。

3. 浸入硫酸中的部位应仅限于趾尖部位，每次浸入的范围、时间要相同，趾尖不能与培养皿接触。

4. 每次用硫酸刺激后，应立即用自来水洗去皮肤残存的硫酸，再用纱布擦干，以保护皮肤并防止再次接受刺激时冲淡硫酸溶液。

5. 剥离脚趾皮肤要干净，以免影响结果。

【思考题】

1. 用反射弧分析各项实验会出现什么结果？其机理是什么？

2. 何为屈肌反射？用硫酸溶液浸趾尖引起的屈肌反射的反射弧包括哪些具体组成部分？

（徐慧颖）

第 2 节　去大脑僵直

【实验目的】

观察去大脑僵直现象，验证中枢神经系统有关部位对肌紧张具有调节作用。

【实验原理】

中枢神经系统对伸肌的肌紧张具有易化作用与抑制作用，通过这两种作用使骨骼肌保持适当的肌紧张，以维持机体正常姿势。脑干网状结构是这两种作用发生功能联系的一个重要整合机构。如果在动物中脑上、下丘之间离断脑干，则抑制肌紧张的作用减弱而易化肌紧张的作用相对加强，动物将出现头尾昂起、四肢伸直、脊柱挺硬的角弓反张现象，称为去大脑僵直。

【实验对象】

家兔。

【实验材料】

哺乳类动物手术器械、颅骨钻、小咬骨钳、兔手术台、骨蜡、明胶海绵、纱布、气管插管、手术线、生理盐水、石蜡油、20% 氨基甲酸乙酯溶液。

【实验步骤】

1. 麻醉　由家兔耳缘静脉注射 20% 氨基甲酸乙酯（5mL/kg 体重）。

2. 颈部手术　将家兔仰卧位固定于手术台上，剪去颈部的毛，沿颈部正中线切开皮肤，分离皮下组织及肌肉，暴露气管，插入气管插管；找出两侧颈总动脉，分别穿线结扎，以避免脑部手术时出血过多。

3. 脑部手术　将家兔转为俯卧位，头部抬高，固定，剪去头顶部的毛，自两眉弓至枕部沿中线将头皮纵向切开，暴露头骨及颈肌，将颈肌上缘附着在头骨的部分切开，用手术刀柄将颈肌自上而下地剥离扩大顶骨暴露面，并刮去颅顶骨膜，用颅骨钻在顶骨两侧各钻一孔（图 11-2），用咬骨钳沿骨孔朝后渐渐扩大创口至枕骨结节，暴露出双侧大脑半球的后缘，用眼科镊夹起硬脑膜，仔细剪除，暴露出大脑皮质并滴少许石蜡油以防脑表面干燥。

4. 横断脑干　松开家兔四肢，左手托起家兔的头部，右手用手术刀柄从大脑半球后缘与小脑之间伸入，轻轻托起两大脑半球枕叶，即可见到中脑上、下丘部分（四叠体），用手术刀在上、下

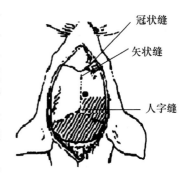

图 11-2　家兔颅脑手术区

黑点表示钻开颅骨的部位

阴影部分显示暴露的脑区

丘之间向裂口方向呈 45°角插至颅底，同时向两边拨动、推压，将脑干完全横断，即成去大脑动物（图 11-3 和图 11-4）。

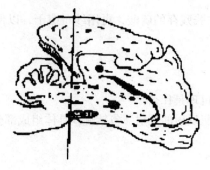

去大脑僵直实验的脑部切断线

图 11-3　横断脑干

图 11-4　家兔角弓反张

【观察项目】

1. 将家兔摆放成侧卧位，几分钟后可见家兔的躯干和四肢逐渐变硬伸直，前肢较后肢更明显，头昂举，尾上翘，呈角弓反张状态，即为去大脑僵直现象（图 11-4）。

2. 明显的僵直现象出现后，在下丘稍后方再次切断脑干，观察肌紧张变化。

【注意事项】

1. 动物麻醉不宜过深，可给半量，以免去大脑僵直不出现。术中动物挣扎可给少许局部麻醉。

2. 咬骨钳接近骨中线和枕骨时尤需防止因伤及矢状窦而导致大出血，应暂时保留矢状窦处的颅骨，细心将矢状窦与头骨内壁剥离，然后再轻轻去除保留的颅骨，并在矢状窦的前、后两端各穿一线结扎。

3. 横断脑干几分钟后，僵直仍不明显时，可试用牵拉四肢（肢体伸肌传入）、扭动颈部（颈肌传入）、动物仰卧（前庭传入）等办法，使僵直易于出现。

4. 切断部位要准确，过低将伤及延髓，导致呼吸停止，过高则不出现去大脑僵直现象。如家兔在横断脑干后 5～10min 仍不出现僵直现象，呼吸尚平稳，可在原切断面向后 2mm 处重新切一刀。

5. 横断脑干时，可将家兔放于地上操作。

【思考题】

1. 去大脑僵直产生的机制是什么？

2. 去大脑僵直应属于哪种僵直？为什么？

3. 将动物脊髓的背根切断，会出现什么结果？

（徐慧颖）

第 3 节　破坏小脑动物的观察

【实验目的】

观察损毁小鼠一侧小脑后所出现的肌紧张失调和平衡功能失调，了解小脑对躯体运动的调节功能。

【实验原理】

小脑是躯体运动的重要调节中枢之一，故小脑（绒球小结叶）调节身体的平衡；旧小脑参与调节肌紧张和随意运动的协调，新小脑参与随意运动的设计。小脑损伤后可发生躯体运动障碍，表现为身体平衡失调，肌张力增强或减弱以及共济失调。

【实验对象】

小鼠。

【实验材料】

哺乳类动物手术器械、鼠板、金属探针、干棉球、纱布、200mL 烧杯、乙醚。

【实验步骤】

1. 术前观察　手术前观察正常小鼠的运动情况。

2. 麻醉　将小鼠罩于烧杯内，然后放入一团浸透乙醚的棉球，待其呼吸变为深而慢且不再有随意运动时，将其取出。

3. 手术　将小鼠俯卧于鼠台上，用镊子提起头部皮肤，用剪刀在两耳之间头部正中横剪一小口，再沿正中线向前方剪开长约 1cm，向后剪至枕部耳后缘水平，将头部固定，用手术刀背剥离颈肌，暴露顶间骨，通过透明的颅骨可看到顶间骨下方的小脑，再从顶间骨一侧的正中，用金属探针垂直刺入深3～4mm，再将探针稍作搅动，以破坏该侧小脑。探针拔出后用棉球压迫止血（图 11-5）。

图 11-5　破坏小鼠小脑位置示意图
图中黑点显示为进针处

【观察项目】

待小鼠清醒后观察其运动情况，可见小鼠行走不平衡，向损伤侧方向旋转或翻滚，其站立姿势及肢体肌紧张度也有明显变化。

【注意事项】

1. 麻醉不可过深，以防死亡，也不要完全密闭烧杯，避免窒息死亡。

2. 捣毁小脑时不可刺入过深，以免伤及中脑、延髓或对侧小脑，也不能过浅以致小脑未被损伤，反而成为刺激作用。

【思考题】

1. 一侧小脑损伤会导致动物躯体运动和站立姿势发生何种变化？为什么？

2. 小脑有哪些功能？

（徐慧颖）

第 4 节　家兔大脑皮质运动区功能定位

【实验目的】

通过电刺激家兔大脑皮质不同部位，观察相关肌肉收缩活动，了解大脑皮质运动区与肌肉运动的定位关系及特点。

【实验原理】

动物和人的躯体运动受大脑皮质支配。在大脑皮质运动区有精细的功能定位，电刺激大脑皮质运动区不同部位，能够引起躯体特定的肌肉发生短促的收缩。这些皮质部位呈有秩序的排列，特别在人和高等动物的中央前回最为明显，称为皮质运动区机能定位或运动的躯体定位结构。在较低级的哺乳类动物如家兔、大鼠，其大脑皮质运动区功能定位已初步形成。

【实验对象】

家兔。

【实验材料】

哺乳类动物手术器械、颅骨钻、小咬骨钳、兔手术台、明胶海绵、纱布、生理盐水、20% 氨基甲酸乙酯溶液、气管插管、手术线、电刺激器、同心圆电极、骨蜡、石蜡油。

【实验步骤】

1. 麻醉动物　由家兔耳缘静脉注射 20% 氨基甲酸乙酯（5mL/kg 体重）。

2. 气管插管　详见第 4 章第 8 节。

3. 头部手术　将家兔转为俯卧位固定于手术台上，剪去头部的毛，沿颅顶正中线切开头皮（从眉间至枕部）。用刀柄刮去骨膜，暴露头顶骨缝标志，选择冠状缝后，矢状缝旁 0.5cm 处用颅骨钻钻孔（钻孔时注意不要伤及矢状缝，以免大出血），用小咬骨钳扩大创口，咬骨时切勿损伤硬脑膜并注意随时止血（颅骨创口出血用骨蜡止血，皮质表面血管出血用明胶海绵止血），用镊子夹起硬脑膜并用眼科剪小心剪开，暴露大脑皮质，将温热（39～40℃）的石蜡油滴在暴露的皮质上，以防皮质干燥。手术完毕后即放松动物的四肢，以便观察。

【观察项目】

1. 绘制一张皮质轮廓图，以备记录使用（图 11-6）。

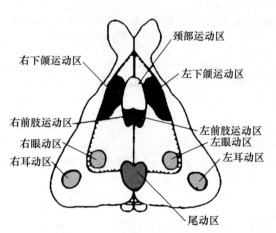

图 11-6　兔大脑皮质运动区功能定位图

（标注：颈部运动区、右下颌运动区、左下颌运动区、右前肢运动区、右眼动区、左前肢运动区、左眼动区、右耳动区、左耳动区、尾动区）

2. 将同心圆电极的连线与电刺激器相连。参考电极放于家兔的背部，剪去此处的毛并用少许生理盐水湿润以便接触良好。用同心圆电极接触到皮质表面，逐点刺激一侧大脑皮质的不同部位。

刺激参数：波宽 0.1～0.2ms，刺激频率 20～50Hz，刺激强度 10～20V，每次刺激持续 5～10s，每次刺激后休息 1～2min。

观察刺激不同部位引起的肢体和头面部运动的情况，并将观察的结果标记在皮质轮廓图上。

3. 在另一侧大脑皮质重复上述实验。

【注意事项】

1. 刺激不宜太强，选用的刺激强度可先用同心圆电极刺激切口附近皮下肌肉，确定引起肌肉收缩的最小刺激强度，以该强度为参考值略调整即可。

2. 刺激点自头部前端点向后部，自内向外按顺序刺激，每隔 0.5mm 为一点，每次刺激由弱渐强，以出现反应为度，每次刺激持续 5～10s 才能确定有无反应，因为刺激大脑皮质引起骨骼肌收缩的潜伏期较长。

3. 颅骨扩大创面出血较多时，可先行短暂夹闭双侧颈总动脉，开颅术后即松开动脉夹恢复血流。

4. 动物麻醉不宜过深，也不宜过浅，呈中等麻醉状态，即表现为动物瞳孔扩大，夹趾反应引起的屈肌反射减弱，肌张力中度松弛而不是显著松弛，角膜反射明显减弱而不是完全消失。

【思考题】

1. 刺激家兔大脑皮质一定区域会引起哪一侧肢体运动？为什么？

2. 根据实验结果，分析大脑皮质运动区有何特征？

3．刺激大脑皮质引起骨骼肌收缩的神经路径是什么？

（徐慧颖　魏　琳）

第5节　自主神经系统递质对在体蛙心的作用

【实验目的】

学习在体蛙心灌流的方法，加强对化学递质学说的理解。

【实验原理】

1921年，德国科学家Offo Loewi在实验中将两个蛙心用任氏液灌流系统连接起来，当刺激甲蛙心的迷走神经时，该心的搏动受到抑制，随后乙蛙心的搏动也受到抑制，这意味着在甲蛙心的迷走神经受到刺激时释放了某种化学物质经灌流液而传递到乙蛙心。这个实验确凿地证明了冲动传递是通过神经末梢释放化学物质即神经递质来实现的。

【实验对象】

蟾蜍或蛙。

【实验材料】

两栖类动物手术器械1套、万能支台、双凹夹、蛙心夹、金属探针、玻璃分针、特制蛙心插管、特制T形管、滴管、螺旋夹、硅胶管、刺激电极、保护电极、电刺激器、500mL下口抽滤瓶、任氏液、$2 \times 0.001\%$毒扁豆碱任氏液、$1 \times 0.001\%$阿托品任氏液、棉球、纱布、小烧杯。

【实验步骤】

1．取一只蟾蜍，破坏脑和脊髓，仰卧位固定在蛙板上。

2．暴露迷走交感神经干：在一侧的下颌角与前肢之间剪开皮肤，分离提肩胛肌并小心剪断，在其深部寻找一血管神经束，内有动脉、静脉和迷走交感神经干，分离神经干穿线备用。

3．心脏标本制备：剪开胸骨及心包，暴露心脏，用蛙心夹在心脏舒张期夹住心尖部，将心脏提起，仔细辨认出心脏的9条血管。只保留左主动脉和左肝静脉，其余全部结扎。将左肝静脉做输入管用，插管后用任氏液灌流，待心脏完全变白后，再行左主动脉插管作输出管用。用任氏液灌流并保持灌流系统通畅。同法制备另外一只蛙心。

4．两心脏的连接：将甲蛙心作供递质心，乙蛙心作受递质心，通过特制T形管的两侧管及硅胶管将甲乙两心连接起来（图11-7），T形管的中间管接一段胶管垂直放置，调节其高度使灌流液不至溢出为度。

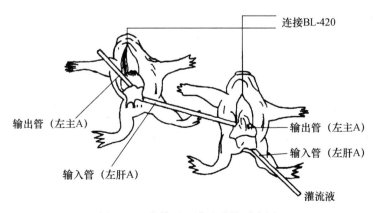

图11-7　在体蛙心灌流连接示意图

5. 连接实验仪器装置：两蛙心分别通过蛙心夹连于张力换能器，再连接到 BL-420 生物机能实验系统。

6. 打开 BL-420 生物机能实验系统，选择"输入信号→1/2 通道→张力"，单击"开始"。具体的仪器参数设置详见表 11-1。

表 11-1　仪器参数设置表

项目	采样参数	刺激器参数	
扫描速度	1.0s/div	刺激模式	单刺激
通道	通道 1、2	延时	1ms
DC/AC	DC	波宽	5ms
处理名称	张力	幅度	0.5V
放大倍数	20～50		
滤波	10Hz		

【观察项目】

1. 选择适当的走纸速度，记录一段正常心搏（心率和心脏收缩幅度）曲线。

2. 参考表 11-1 中的刺激参数刺激甲蛙心迷走交感神经干，待甲蛙心出现明显效应后，停止刺激，观察乙蛙心搏动的变化。

3. 用 2×0.001% 毒扁豆碱（抗胆碱酯酶药）任氏液做灌流液，重复 1 和 2 项实验，观察该溶液对心搏的影响。

4. 用 1×0.001% 阿托品任氏液做灌流液，重复 1 和 2 项实验，观察该溶液对心搏的影响。

一般认为，低压刺激容易产生迷走效应，高频、高压刺激容易产生交感效应；中等频率和中等电压的刺激往往出现先迷走后交感的双重效应；左侧神经干的迷走作用较强，右侧交感作用较强。此外，交感和迷走的作用随季节、温度、动物的个体差异变化较大。

【注意事项】

1. 选用两蛙的大小、心搏幅度、频率相近者为宜。

2. 血管结扎要牢固，连接两蛙心的胶管尽量短。

3. 灌流压和速度均应保持恒定。

4. 两个通道的参数设置需一致。

5. 随时滴加任氏液于心脏表面使之湿润。

【思考题】

1. 为什么所选用的两只蛙的大小、心搏幅度、频率宜相近？如果不相近会出现什么结果？

2. 用不同频率和电压的刺激作用于迷走交感神经干，会出现不同的效果，可能的原因是什么？

3. 要使本实验成功，实验过程中还要注意哪些问题？

（徐慧颖）

第 12 章　感觉器官实验

第 1 节　破坏动物一侧迷路的效应

【实验目的】

观察迷路在调节肌张力，维持机体姿势中的作用。

【实验原理】

内耳迷路由三部分组成：耳蜗、前庭（椭圆囊、球囊）和 3 个半规管，后两部分合称为前庭器官，是人体对自身运动状态和头在空间位置的感受器，兴奋时能反射性调节肌紧张，维持机体的平衡与姿势。一侧迷路功能丧失，可使肌紧张协调发生障碍，失去维持正常姿势与平衡能力。由于迷路功能消失所引起的眼外肌紧张障碍，还会发生眼球震颤。

【实验对象】

豚鼠、蟾蜍、鸽子。

【实验材料】

哺乳类动物手术器械、滴管、棉球、明胶海绵、探针、水盆、纱布、氯仿、乙醚。

【实验步骤】

1. 消除豚鼠一侧迷路功能　先观察豚鼠活动情况，然后将豚鼠侧卧，拽住上侧耳郭，用滴管向外耳道深处滴入氯仿 2～3 滴，握住动物防止其乱动，使氯仿通过渗透作用于半规管，消除其感受功能。约 10min 后，用手握住动物后肢，观察动物头部、颈部、躯干两侧及四肢的肌紧张度、眼球震颤等变化，注意变化是发生在迷路功能健侧还是功能消失一侧。任其自由活动时，可见动物向消除迷路功能一侧做旋转运动或滚动。

2. 破坏蟾蜍一侧迷路　选用水中游泳姿势正常的蟾蜍，乙醚麻醉后，用纱布包住蟾蜍的躯干及四肢，腹部向上，打开口腔，用手术刀或剪刀在颅底口腔黏膜做一横向切口，分开黏膜，可见十字形的副蝶骨，副蝶骨左右两侧的横突，即迷路所在部位（图 12-1）。将一侧横突骨质削去薄薄一层，可见粟米大小的小白丘，此即为迷路，用探针刺入小白丘深约 2mm 并捣毁之，破坏迷路。数分钟后，观察蟾蜍静止、爬行以及游泳的姿势，可见蟾蜍头部、躯干均偏向迷路被损毁侧。

3. 破坏鸽子一侧迷路　先将鸽子放在一块载板上，将载板慢慢旋转观察其姿势，然后吸入乙醚，轻度麻醉鸽子，剪去头部羽毛，在头部后方正中线切开皮肤，并将皮肤向创伤两侧钝性扩展，暴露枕骨隆凸，隔着隆凸的骨板可窥见半规管，用手术刀或镊子仔细除去一侧

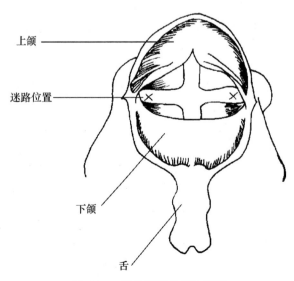

上颌

迷路位置

下颌

舌

图 12-1　蟾蜍迷路位置示意图

半规管处的颅骨，暴露半规管，各半规管皆伴有静脉，注意勿伤血管，若出血可用明胶海绵或热盐水棉球压迫。仔细辨认 3 个半规管，用尖头镊子或探针刺破每一半规管，可见内淋巴流出。然后闭合伤口，缝合皮肤，待动物清醒后开始观察鸽子在静止时头部位置和身体姿势。让鸽子站在载板上，将载板慢慢旋转，观察其姿势的变化，也可抛向空中，观察鸽子飞翔时的姿势。

【注意事项】

1. 选择健康、对称运动好，两眼无残疾的动物。
2. 破坏或麻醉迷路前应认真观察动物的姿势、状态及运动情况。
3. 氯仿是一种高脂溶性全身麻醉剂，不可滴入过多，以免造成动物死亡。
4. 蟾蜍颅骨板薄，损伤迷路时部位要准确，用力适度，勿损伤脑组织。

【思考题】

1. 什么是前庭器官，由哪几部分组成？它们的生理功能是什么？
2. 破坏动物一侧迷路后，头及躯干状态有哪些变化？为什么？

（徐慧颖　赵献敏）

第 2 节　声音的传导途径

【实验目的】

学习听力检查方法，比较气传导和骨传导的听觉效果，了解听力检查在临床上的意义。

【实验原理】

声音由外界传入内耳可以通过气传导与骨传导两条途径，前者指声音经外耳、鼓膜、听骨链和卵圆窗传入内耳；后者指声音直接作用于颅骨、耳蜗骨壁传入内耳。正常人以气传导为主，骨传导作用甚微，但对鉴别耳聋的性质具有一定的临床意义。

【实验对象】

人。

【实验材料】

音叉（频率 256Hz 或 512Hz）、棉球。

【观察项目】

1. 比较同侧耳的气传导和骨传导（任内试验）

（1）任内试验阳性：室内保持肃静，受试者取坐位，检查者振动音叉后，立即将音叉柄底端置于受试者一侧颞骨乳突部，此时受试者可听到音叉响声，随时间推移，音响逐渐减弱，当受试者听不到声音时，立即将音叉移到同侧外耳道口 2cm 处，受试者又可听到响声；反之，先置音叉于外耳道口 2cm 处，待刚听不到响声时，立即将音叉移到颞骨乳突处，如受试者仍听不到声响，说明气传导大于骨传导。正常人气传导的时间比骨传导的时间长，临床上称为任内试验阳性（＋）。

（2）任内试验阴性：用棉球塞住受试者同侧外耳道（模拟气传导途径障碍），重复上述实验步骤，会出现气传导时间等于或短于骨传导时间，临床上称为任内试验阴性（－）。

2. 比较两耳骨传导（魏伯实验）

（1）实验者将震动的音叉底端置于受试者前额正中发际处或颅顶正中处，令其比较两耳听到的声音强度是否相等。正常人两耳所感受的声音强度是相等的。

（2）用棉球塞住受试者一侧外耳道，重复上述实验，询问受试者两耳听到的声音强度是否一样，偏向哪一侧。

临床上根据上述任内试验和魏伯试验的结果，大致可判断耳聋的性质，见表 12-1。

表 12-1　音叉试验结果判断

检查方法	结果	说明	判断
任内试验	阳性	气传导＞骨传导	正常耳
	阴性	气传导＜骨传导	传导性耳聋
魏伯试验	两侧相同	两侧骨传导相同	正常耳
	偏向患侧	患侧空气传导干扰减弱	患侧传导性耳聋
	偏向健侧	患侧感音功能丧失	对侧神经性耳聋

【注意事项】

1. 振动音叉时不要用力过猛，可用手掌、橡皮锤敲击，切忌在坚硬物体上敲击，以免损坏音叉。

2. 在操作过程中只能用手指持音叉柄，避免音叉臂与皮肤、耳郭、毛发等物体接触而影响振动。

3. 将音叉放到外耳道口时，应将音叉臂的振动方向正对外耳道口，相距外耳道 2cm。

【思考题】

1. 正常人听觉声波传导的途径与特点是什么？

2. 根据任内实验和魏伯实验，如何鉴别传导性耳聋和神经性耳聋？

（徐慧颖）

第 3 节　瞳孔的调节反射和对光反射

【实验目的】

观察瞳孔的调节反射和对光反射现象，掌握瞳孔对光反射的检查方法。

【实验原理】

看近物时，可反射性地引起双侧瞳孔缩小，减少射入眼的光线并减少眼折光系统的球面像差和色像差，使视网膜成像更为清晰，称为瞳孔调节反射。当射入眼的光线强弱发生变化时，可反射性地引起瞳孔直径发生相应的变化，从而调节射入眼的光线，称为瞳孔对光反射。这些反射都是视网膜受到光刺激后，通过中脑而传出的神经反射，检查这些反射可了解包括中脑在内的反射弧是否正常，有助于某些疾病定位诊断。

【实验对象】

人。

【实验材料】

手电筒、遮光板。

【观察项目】

1. 瞳孔调节反射　令受试者注视正前方远处的物体，观察其瞳孔的大小，然后将物体由远处向受试者眼前移动，在此过程中观察受试者瞳孔大小的变化，同时注意两眼瞳孔间的距离有无变化。

2. 瞳孔对光反射

（1）在光线较暗处（或暗室内）先观察受试者两眼瞳孔的大小，然后用手电筒光照射受试者一侧瞳孔,观察该瞳孔的变化及停止照射时的瞳孔变化。

(2)在鼻梁上用遮光板将两眼视野隔开,再用手电筒光照射该侧瞳孔,观察另一侧瞳孔的变化。

【注意事项】

1. 瞳孔调节反射时,受试者两眼要直视物体。

2. 瞳孔对光反射时,受试者两眼需要直视远处,不可注视手电筒。

【思考题】

瞳孔对光反射的特点及双眼反应的机制有哪些?

(徐慧颖)

第4节　人视觉功能测定

【实验目的】

学习使用视力表测定视力的原理和方法。

【实验原理】

在良好光照条件下,眼睛能分辨两点间最小距离的能力称为视力(视敏度),临床常用眼睛能分辨最小视角的倒数来表示视力。视角指两个光点的光线投入眼球,通过节点时所成的夹角。国际视力表即据此视角原理设计,目前我国规定测定视力用标准对数视力表。计算公式为:视力＝$5 - \log\alpha'$。α' 为 5m 远处能看清物体的视角。临床规定当视角为 1 分角时,能分辨两个可视点的视力为正常视力,即在 5m 远处能看清视力表上 1.0 行的"E"字缺口处(图 12-2)。

视角1″

图 12-2　视力表原理

【实验对象】

人。

【实验材料】

国际标准视力表、标准对数视力表、指示棒、遮眼罩、米尺。

【实验步骤】

1. 视力表挂在光线充足、均匀的墙壁上,表上第 10 行"E"的高度应与受试者眼睛在同一水平。

2. 受试者站在视力表前 5m 处,用遮眼罩遮住左眼,右眼看视力表,主试者用指示棒从表的第一行开始,依次指点各符号,受试者按指示棒说出各符号的缺口方向;主试者依次指向各行,直至受试者完全不能分辨符号的缺口方向为止,此时即可从视力表上直接读出其视力值。

3. 用同样的方法测定左眼视力。

4. 如受试者对最上一行符号(即视力值为 0.1)都无法辨认,则令受试者向前移动,直至能辨认最上一行为止,此时再测量受试者与视力表的距离,按下列公式推出其视力。

$$受试者视力 = 0.1 \times 受试者与视力表的距离（m）/5m$$

【注意事项】

1. 室内光线一定要充足且均匀。

2. 受试者与视力表的距离要测量准确。

3. 用遮眼罩遮眼时，勿压眼球，以防影响测试。

【思考题】

1. 国际视力表设计的原理是什么？有什么缺点？

2. 标准对数视力表的优点是什么？

3. 影响人视力的因素有哪些？测试视力时应注意哪些问题？

4. 受试者 2.5m 远处才能看清第 10 行的"E"，受试者视力是多少？为什么？

（徐慧颖　赵献敏）

第 5 节　视野的测定

【实验目的】

学习视野计的使用方法和检查视野方法，了解正常视野的范围及检测的意义。

【实验原理】

视野是指单眼固定注视前方一点时所能看到的空间范围，又称为周边视力，也就是黄斑中央凹以外的视力。测定视野有助于了解视网膜、视神经或视觉传导通路和视觉中枢的功能。正常人的视野范围，鼻侧和额侧较窄，颞侧与下侧较宽。在亮度相同的条件下，白色视野最大，黄、蓝次之，红色再次之，绿色最小。不同颜色视野的大小主要取决于不同感光细胞在视网膜上的分布情况。

【实验对象】

人。

【实验材料】

视野计、各色视标、视野图纸、铅笔（白、黄、红、绿色）。

【实验步骤】

视野计的式样较多，常用的是弧形视野计，它是一个半圆弧形金属板，安在支架上，可绕水平轴作 360° 旋转，旋转角度可以从分度盘上读出。圆弧形外面有刻度，表示该点射向视网膜周边的光线与视轴所夹的角度，视野的界限以此角度来表示。在圆弧内面中央装有一面小镜作为目标物，其对面的支架上附有托颌架与眼托架。此外，视野计都附有白、黄或蓝、红、绿视标。一般视野计都放置在光线充足的桌台上（图 12-3）。

【观察项目】

1. 在明亮的光线下，令受试者背对光线，面对视野计坐下，将下颌放在托颌架上，右侧眼眶下缘靠在眼托架上，调整托颌架的高度，使眼与弧架的中心点位于同一水平面上，先将弧架摆水平位置，遮住左眼，令右眼注视弧架的中心点，主试者首先选择白色视标、沿弧架一端慢慢从周边向中央移动，随时询问受试者是否看见了视标，当受试者回答看见时，就将视标倒移回一段距离，然后再向中央移动，重复测试一次，待得出一致结果时，记下弧架上的

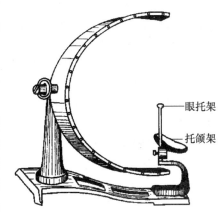

图 12-3　弧形视野计

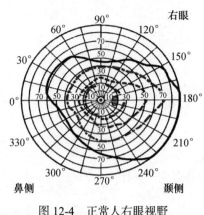

图 12-4   正常人右眼视野

相应经纬度数，并将测得的经纬度数记录在视野图上。用同样方法，从弧架另一端测量。

2. 将弧架顺时针转动 45°角，重复上述操作，测量 4 次，得出 8 个经纬度数值，将视野图上的 8 个经纬度数值依次连接起来，就得出白色视野的范围。

3. 按照相同的操作方法，测出右眼的黄、红、绿各色视觉的视野，分别用黄、红、绿三色铅笔在视野图上标出（图 12-4）。

4. 以同样方法，测定左眼的白、黄、红、绿四色的视野。

5. 在视野图上记下所测定的眼与注视点间距离和视标的直径。通常前者为 33cm，后者为 3mm。

【注意事项】

1. 测定过程中，受试者的被测眼始终凝视弧架的中心点，眼球不能任意移动，只能用"余光"观察视标。

2. 被测眼必须与弧架中心点保持同一水平。

3. 人眼对不同颜色的视野不同，实验中要测定至少 3 种颜色的视野。

【思考题】

单眼视野与双眼视野有什么不同？

（徐慧颖   赵献敏）

第 6 节   盲点的测定

【实验目的】

证明盲点的存在，学习计算盲点所在的位置和范围。

【实验原理】

视网膜含有两种感光细胞：视锥细胞与视杆细胞。它们与不同的细胞（双极神经元）形成突触联系，双极神经元又与神经节细胞形成突触，而神经节细胞的轴突形成视神经，将感觉信息传到大脑。在中央凹，一个视锥细胞和一个双极神经元形成突触联系，而多个视杆细胞和一个双极神经元形成突触联系。视杆细胞对弱光更敏感，而视锥细胞对强光更敏感，但有更大的视敏度。视杆细胞用于暗处视物；视锥细胞用于明处视物，亦可用于显示物体的颜色。因此在白天可看见彩色，而夜晚只能看见白色和黑色。

视网膜内的所有神经节的轴突聚焦在视盘内形成视神经，外来光线成像于此不能引起视觉，故称该部位为生理性盲点，因为视盘内没有视锥细胞与视杆细胞。由于生理性盲点的存在，所以视野中也存在生理性盲点的投射区。此区为虚性绝对性暗点，在客观检查时是完全看不到视标的部位。

【实验步骤】

通过单眼一直凝视正前方"＋"字，不断移动视标并询问被试情况，测得被试盲点上下、左右限，并绘制出简单的盲区，计算得到盲点与中央凹的距离，盲点直径。具体方法如下：

1. 主试者将白纸贴在墙上，受试者立于纸前 50cm 处，用遮眼罩遮住一眼，在白纸上与另一眼相平的地方用铅笔划一"＋"字记号。令受试者注视"＋"字。实验者将视标由"＋"字中心向被测眼颞侧缓缓移动。此时，受试者被测眼直视前方"＋"字记号，不能随视标的移动而移动。当受试者恰好看不见视标时，在白纸上标记视标位置。然后将视标继续向颞侧缓缓移动，直至又看见视标时记下其位置。由所记两点连线之中心点起，沿着各个方向向外移动视标，找出并记录各方向视标刚能被看到的各点，将其依次相连，即得一个大致圆形的盲点投射区，测量其直径，备用（图 12-5）。

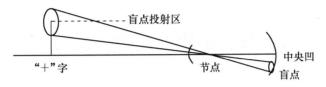

图 12-5　盲点测定的原理

2. 根据相似三角形各对应边成正比定理，可计算出盲点与中央凹的距离及盲点直径。

$$\frac{盲点与中央凹的距离（未知）}{盲点投射区域与十字的距离（已知）}=\frac{节点与视网膜的距离（15mm）}{节点到白纸的距离（500mm）}$$

$$\frac{实际盲点的直径（未知）}{测定盲点投射区的直径（已知）}=\frac{节点与视网膜的距离（15mm）}{节点到白纸的距离（500mm）}$$

【注意事项】

1. 不论测定左、右眼盲点，视标均应向眼的外侧（颞侧）方向移动，才能发现盲点。因为视神经乳头位于中央凹内侧，颞侧物体成像于视网膜内侧（鼻侧），才有可能在视神经乳头处感觉到盲点的存在。

2. 测试过程中，受试者的被测眼始终凝视正前方"＋"字，眼球不能任意移动，只能用"余光"观察视标。

3. 如果一次测不到盲点，可以重复多次。

【思考题】

平时我们视物体时，为什么没有感觉到盲点的存在？

（徐慧颖　赵献敏）

第13章 代谢与内分泌实验

第1节 小鼠能量代谢的测定

【实验目的】

学习闭合式间接测量能量代谢的方法。

【实验对象】

小鼠。

【实验原理】

机体内的能量代谢是伴随于物质氧化分解的代谢过程，它与 O_2 的消耗有特定的关系，故通过测定一定时间内机体的耗氧量可间接地计算出能量代谢率。

【实验材料】

广口瓶、橡皮塞、玻璃管、乳胶管、弹簧夹、水检压计、10mL 注射器、甲状腺素片、凡士林、计时器、钠石灰。

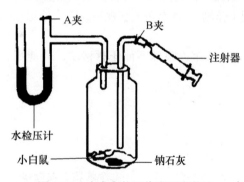

图 13-1　小白鼠能量代谢测定装置

【实验步骤】

1. 按图 13-1 连接实验装置　将广口瓶塞用打孔器打两个孔，插入玻璃管，在玻璃管上连接橡皮管，再用橡皮管分别连接注射器和水检压计。用凡士林密封可能漏气的接口等处，使该装置连接严密而不漏气。注射器内装 10mL 空气。

2. 实验前一天，将实验用小鼠（n 只）按性别、体重随机均分 2 组，即对照组和给药组。

3. 实验前小鼠禁食 12h，将小鼠称重后依次放入广口瓶内的小动物笼内，加塞密闭。

【观察项目】

1. 测定 4min 的耗氧量　待小鼠安静后，夹紧 A、B 两夹，记录时间。观察 4min 内水检压计所示压力的变化。由于小鼠代谢耗氧，而所产生的二氧化碳又被钠石灰吸收，所以广口瓶内气体减少，气体体积变化可致广口瓶一侧的水柱升高。即为 4min 内小鼠的耗氧量，重复 3 次取平均值。

2. 计算　假定小鼠所食为混合物，呼吸商为 0.82，每消耗 1L 氧所产生的热量为 2.02×10^4 J（4.825kcal），那么把 24h 总耗氧量乘以 2.02×10^4 J（4.825kcal）即得出 24h 的产热量。

【注意事项】

1. 整个管道系统必须严格密闭，防止漏气。

2. 尽量减少对动物的刺激，使动物保持安静。

3. 钠石灰要新鲜干燥。

【思考题】

1. 间接测热法的原理是什么？

2. 影响能量代谢的因素有哪些?

3. 瓶中放钠石灰有何作用? 为什么一定要用新鲜干燥的钠石灰?

（王冰梅　郑彦臣）

第 2 节　动物肾上腺摘除后的观察

【实验目的】

1. 学习摘除肾上腺的方法，并观察肾上腺的作用及其在实验动物生命活动中的重要性。

2. 通过观察摘除肾上腺，造成动物肾上腺功能缺损后，动物存活率、姿态活动、肌肉紧张度及游泳运动的变化，了解肾上腺的生理功能。

【实验对象】

成年雄性大鼠。

【实验原理】

肾上腺皮质可释放盐皮质激素、糖皮质激素、性激素等激素，肾上腺髓质可分泌肾上腺素、去甲肾上腺素。以上肾上腺皮质激素和髓质激素生理作用广泛，此外，两者还共同参与调节机体对有害刺激的反应，增加机体的应急与应激能力。本实验通过摘除大鼠的肾上腺，观察实验动物在不同实验条件下的反应，并借此分析肾上腺的相关生理功能。

【实验材料】

哺乳动物手术器械一套、手术台、动物秤、棉球、乙醚、抗生素药粉、烧杯、秒表、玻璃水槽。

【实验步骤】

1. 动物分组　选择体重相近的大鼠 20 只，随机分为 4 组，每组 5 只。其中，第 1 组为对照组，其余 2、3、4 组为实验组。

2. 麻醉　用浸有乙醚的棉球麻醉大鼠，注意勿麻醉过深。将大鼠俯卧位固定于大鼠手术台上。

3. 摘除动物两侧肾上腺

（1）剪去实验组大鼠背部的毛。

（2）在大鼠背部胸腰椎交界处正中线做一长 1～2cm 的皮肤切口。

（3）牵动皮肤切口，显露左侧肋骨下缘靠肋脊角处，分离肌肉，直至腹腔内，略将内脏上推，找到肾，在肾上方靠脊柱侧，可见一粉黄色的肾上腺。

（4）用眼科镊将肾上腺摘除，注意不要弄破被膜。若有出血以小棉球轻压止血。

（5）同法摘除对侧肾上腺。

（6）缝合背部切口，并用酒精消毒。

（7）对照组做相同手术创伤，但不摘除肾上腺。

4. 术后动物饲养　术后两组动物在相同条件下饲养 1 周，室温应尽量保持在 20～25℃，喂以高热量、高蛋白饲料，饮水供应充分。

【观察项目】

1. 观察摘除肾上腺对生命活动的影响　给第 1 组和第 2 组的大鼠只饮清水，给第 3 组大鼠只饮生理盐水，第 4 组大鼠除饮清水外每日用滴管灌服地塞米松 2 次（50μg/次），在同样情况下，持续 7d。观察比较 7d 内各组术前术后体重的变化、进食情况的差异、肌肉紧张度的变化，以及动物的死亡率等，做好记录，并分析解释其原因。

2. 观察动物应激功能的变化　手术一天后将各组大鼠投入4℃的玻璃水槽中游泳，观察并记录各组动物溺水下沉的时间。将下沉的鼠立即捞出，记录其恢复时间。分析比较各组大鼠游泳能力和耐受力的差异，并解释其原因。

【注意事项】

1. 实验动物勿麻醉过深。
2. 手术过程中，仔细地辨认肾上腺，尽量完整摘除，并注意防止出血过多。
3. 手术后动物应注意保温。
4. 术后的动物尽可能分笼单独饲养，以免互相撕咬致死。

【思考题】

1. 摘除肾上腺和未摘除肾上腺的动物在冷水中的游泳能力及溺水后恢复活动的时间是否有差异？试分析原因。
2. 根据实验结果分析讨论肾上腺皮质激素对大鼠的生命活动及参与应激反应的影响。

（王冰梅　杜　联）

第3节　胰岛素致低血糖效应的观察

【实验目的】

了解胰岛素调节血糖水平的功能。

【实验对象】

小鼠。

【实验原理】

胰岛素是调节机体血糖的重要激素之一，当动物体内胰岛素含量增高时，引起血糖下降，动物出现惊厥。

【实验材料】

小鼠（6只）、1mL注射器、鼠笼、胰岛素溶液（2U/mL）、50%葡萄糖溶液、酸性生理盐水。

【实验步骤】

1. 取6只小鼠称重后，分实验组4只和对照组2只。
2. 给实验组动物腹腔注射胰岛素溶液（0.1mL/10g体重）。
3. 给对照组动物腹腔注射等量的酸性生理盐水。
4. 将两组动物都放在30～37℃的环境中，并记下时间，注意观察并比较两组动物的神态、姿势及活动情况。
5. 当实验组动物出现角弓反张等惊厥反应时，记下时间，并立即给其中2只皮下注射葡萄糖溶液（0.1mL/10g体重），另2只不予抢救。

【观察项目】

1. 观察并比较两组动物的神态、姿势及活动情况。
2. 比较对照组动物、注射葡萄糖的动物以及出现惊厥而未经抢救的动物的活动情况，并分析所得的结果。

【注意事项】

1. 实验前动物禁食18～24h。
2. 用pH2.5～3.5的酸性生理盐水配制胰岛素溶液，因为胰岛素在酸性环境中才有效应。
3. 酸性生理盐水的配制。将0.1mmol/L HCl 10mL加入300mL生理盐水中，调整其pH值在

2.5～3.5，如果偏碱，可加入同样浓度的盐酸调整。

4. 注射了胰岛素的动物最好放在 30～37℃ 的环境中保温，夏天可为室温，冬天的温度则应高些，可到 36～37℃。如温度过低，动物反应出现较慢。

【思考题】

1. 分析糖尿病产生的原因及治疗方法。

2. 试设计实验，证明胰岛素降血糖的剂量效应以及时间效应。

（杜　联　王冰梅）

第 4 节　测定垂体激素对卵巢的影响

【实验目的】

学习摘除大鼠垂体的方法，验证垂体激素对生命活动的调节作用。

【实验对象】

大鼠。

【实验原理】

垂体是机体内重要的内分泌器官，其中，腺垂体分泌的激素有：生长激素、促甲状腺激素、促肾上腺皮质激素、促性腺激素、催乳素、促黑激素；神经垂体虽不能分泌激素，但能够储存来自下丘脑分泌的抗利尿激素及缩宫素。因此，垂体对动物机体、甲状腺、肾上腺、性腺、乳腺的生长发育及其生理功能有着密切的联系，并能广泛影响机体代谢。

【实验材料】

哺乳动物手术器械一套、手术台、动物秤、精密天秤、牙钻（脚踏式开关）、小气管插管、棉签、垂体抽吸装置、糖盐水、乙醚。

【实验步骤】

1. 实验分组　实验前两个月，选择 20 只健康的大鼠，随机分为两组，每组雌雄各 5 只。实验时，一组作为实验组，将其垂体切除，即去垂体组；另一组保留其垂体，为对照组。

2. 麻醉　将大鼠用浸有乙醚的棉球麻醉，注意勿麻醉过深。麻醉后取仰卧位固定于手术台上。自下颚至颈部沿正中线切开皮肤显露气管，插入气管插管，使大鼠顺利呼吸以及吸入乙醚继续进行麻醉。

3. 暴露垂体　用小镊子（与颚面成 45°）小心地将二腹肌与胸锁乳突肌沿肌肉走行方向分离。分离时注意避开此处的颈动脉以防大出血。将镊子往内侧推进至头骨为止，并用小镊子慢慢撑开，尽量向大鼠的头部牵拉。用棉签分离周围组织，显露蝶鞍底部的交叉点，用牙钻在交叉点的偏头侧、与骨面成直角钻一小孔，注意孔的深度、大小要适中，注意止血。移开牙钻，在孔的中央即可见到垂体。

4. 抽吸垂体　开动垂体抽吸装置，将装置上的吸管对准钻孔，以示指压住吸管上的小孔，使管内产生负压，即可吸出垂体。吸出垂体后，立即用棉签插入小孔内止血，然后将肌肉位置复原，缝合切口。

5. 对照组实验　对照组按相同方法处理暴露垂体，不吸取垂体。然后直接将肌肉位置复原，缝合切口。

【观察项目】

1. 观察动物生长发育状况　自手术前一天起，每隔 3 天称重一次，同时观察动物的大小、皮毛光泽度、疏密情况。

2. 观察甲状腺、性腺等腺体的内分泌情况　用放射免疫测定对照组与去垂体组内分泌的激素含量，并做记录。

（1）甲状腺测定：T_3、T_4。

（2）肾上腺测定：皮质醇。

（3）睾丸测定：睾酮。

（4）卵巢测定：黄体酮与雌二醇。

3. 观察甲状腺、性腺等腺体的重量及组织形态学变化　在手术后的第四周，将两组动物分别处死，取其甲状腺、睾丸、卵巢、肾上腺等腺体，放在精密电子秤上准确称量，做好记录，然后将腺体组织放在固定液中固定，并制成石蜡切片，在镜下观察各腺体组织的形态学变化。

【注意事项】

1. 注意勿麻醉过深。

2. 手术过程中，钻孔的位置要找准确，并注意防止出血过多。

3. 术后大鼠小心护理，注意保温，同时喂饮富含营养的食物和水。

【思考题】

1. 根据实验结果分析讨论腺垂体激素对动物生命活动的调节作用。

2. 试分析腺垂体 - 甲状腺、肾上腺、性腺 3 个靶腺轴之间的关系。

（王冰梅　王晓燕）

第 5 节　甲状腺激素对蝌蚪生长发育的影响

【实验目的】

1. 独立完成用动物激素饲喂小动物的实验。

2. 了解甲状腺激素对蝌蚪生长发育的影响。

【实验对象】

蝌蚪。

【实验原理】

动物激素对动物的生长发育起着重要的调节作用。如蝌蚪的发育、形态的改变，都受甲状腺激素的影响。用甲状腺激素饲喂蝌蚪，可以加速蝌蚪发育，形成微型青蛙。

【实验材料】

15 只同种同时孵化的、体长约 15mm 的蝌蚪，新鲜水草。3 个玻璃鱼缸（脸盆或水槽等），小网、坐标纸、培养皿。甲状腺激素、甲状腺激素合成抑制剂（他巴唑），提前晾晒 3～4d 的自来水。

【实验步骤】

1. 给 3 个玻璃鱼缸编号，可编为 1 号、2 号、3 号。

2. 分别将 3 个鱼缸装入提前晾晒的自来水各 2000mL（清洁的河水也可以），分别放入等量的新鲜水草。然后将每只缸中放入 5 只小蝌蚪。

3. 向 1 号缸中加入甲状腺激素 5mg；向 2 号缸加入甲状腺抑制剂（他巴唑）5mg；3 号缸作为对照，不放任何药品。

4. 每天向 1 号、2 号缸中连续投药，共 7d，每天 1 次，药量同前。

5. 每两天换一次水，每次换掉 3/4。

6. 每天可喂食物（饭粒少许）。

7. 定期观察（每天或每两天一次）。观察时用小网将蝌蚪捞出放入培养皿中，再将培养皿放在坐标纸上观察并测量蝌蚪的体长，前、后肢生长状况，尾的变化等，尤其注意观察1号缸中蝌蚪的形态变化。

8. 记录。连续观察10d以上，将每次观察检测的情况记到记录表上。

【观察项目】

1. 体长。

2. 变态数量、程度。

3. 存活状况。

4. 头、尾情况。

【注意事项】

1. 鱼缸宜大不宜小，以保证溶氧量。

2. 水质要选择没有污染的河水（池水），用自来水必须提前3～4d晾晒。

3. 放适量水草，保证水中氧的补充。

4. 鱼缸放的位置应以能见到光，又不直接曝晒的地方（保证水草光合作用）。

【思考题】

甲状腺激素是如何促进生长发育的？

（王冰梅　王　微）

第6节　离体子宫灌流

【实验目的】

学习离体子宫灌流的实验方法。观察子宫平滑肌的活动及对药物的反应。

【实验对象】

大鼠。

【实验原理】

子宫平滑肌的活动和对药物的反应在很大程度上是决定于子宫的内分泌状态和解剖部位。动物的种属、个体成熟的程度、所处的性周期阶段以及妊娠与否，都能影响子宫平滑肌对药物的反应。

【实验材料】

0.01%肾上腺素溶液、0.1U/mL催产素、低 Ca^{2+} 洛氏液、己烯雌酚、平滑肌离体灌流恒温装置、常用手术器械、张力传感器、BL-420生物机能实验系统、温度计、显微镜、铁支架、载玻片、盖玻片、氧气、棉线、绕针、培养皿。

【实验步骤】

1. 离体子宫平滑肌灌流的实验装置可参照离体小肠灌流实验。

2. 由于子宫平滑肌的活动及对药物的敏感性是随动情周期而变化的，对动情周期较短的动物，如小鼠或大鼠，可根据细胞学检查，挑选动情期的动物进行实验。此外，也可以在实验前1～2d，每天给动物皮下注射己烯雌酚，剂量为0.1mg/kg体重，人工造成动情期，以提高子宫平滑肌的敏感性。

3. 取体重280～350g，成年未孕雌性大鼠，经阴道涂片镜检确定其处于动情期后，用颈椎脱臼法处死。剖开腹腔，用镊子轻轻拨开附在肠系膜上的脂肪，可见一对粉红色的卵巢及与它相连的子宫角，末端是阴道。迅速分别从卵巢与子宫角间和下端阴道处剪断，取出两侧子宫。立即把

子宫放入盛有低 Ca^{2+} 洛氏液并通氧气的培养皿中，轻轻剥离子宫壁上的结缔组织和脂肪组织。

从阴道口出处纵向剪开，将一侧子宫角的下端（连阴道端）穿入一 S 形不锈钢小钩，然后把小钩固定在洛氏液管底的弯钩上。子宫角的另一端（连卵巢端）用缝针穿线结扎，使结扎线与传感器相连。洛氏液的温度保持在 30～32℃，并不断通入氧气。

4．为保证子宫比较稳定地活动，必须对子宫加一定负荷，一般以 1g 为宜。加负荷可通过微调节传感器连线的紧张度来实现。但实验前必须进行 BL-420 生物机能实验系统的绝对值校对。

5．固定标本以后，应在洛氏液中稳定 20min 才进行实验。先记录子宫平滑肌的正常活动曲线。然后向营养液中加入 0.02mL 催产素，可见子宫平滑肌活动加强，待效应明显之后，记录 2～5min。更换新鲜洛氏液冲洗 2～3 次，等标本恢复活动后，间隔 20min 再进行下一次试验。如加入 0.01% 肾上腺素溶液 0.04mL，同样观察和记录子宫活动的变化。

6．子宫平滑肌正常活动和加入各种药物后的观察指标为强度（幅度）和频率。幅度以每次收缩所达到的最高点表示，频率以每 10min 收缩的次数表示。子宫活动力，以强度和频率的乘积表示。

【观察项目】

1．子宫平滑肌的正常活动。

2．加入各种药物后的指标。

【注意事项】

1．操作过程中应避免过度用力牵拉子宫平滑肌，而且操作时间尽量短些，并注意供给氧气。

2．低 Ca^{2+} 洛氏液能消除子宫平滑肌的自发运动，可将其中的 $CaCl_2$ 由 0.24g/L 改为 0.06g/L。

3．每次加入药物后的观察时间，更换新鲜洛氏液的次数，以及两次加入药物的间隔时间均应尽可能保持一致。

4．由于子宫平滑肌的活动十分缓慢，其收缩频率约为 0.75 次 / 分，计算机采样时应注意选择参数，选择合适的扫描速度，并可长时间记录。

【思考题】

1．分析催产素和肾上腺素溶液对子宫平滑肌的作用机制。

2．总结完成本实验的关键操作步骤。

（王冰梅　刘　畅）

第 14 章　设计性实验

第 1 节　设计性实验的定义与特征

一、设计性实验的定义

设计性实验又称为探索性实验，是针对某项与医学有关的未知或未全知的问题（即研究目标或问题），采用科学的思维方法，进行大胆设计、探索研究的一种开放式教学实验。实验实施的基本程序与科研过程是一致的。

通过设计性实验，可使学生初步掌握医学科学研究的基本程序和方法，培养学生的自学能力、创新能力、科学的创造性思维能力及综合素质。因此，设计性实验一般在学生经过基础和综合性实验训练之后开设，由相对简单逐步增加难度和深度，循序渐进地进行。通常情况下，满足下列条件之一即为设计性实验：

1. 教师给定实验目的、方案，学生自己选择仪器设备、拟定实验步骤并加以实施的实验。
2. 教师拟定实验目的要求，学生自行设计实验方案并加以实施的实验。
3. 学生根据相关课程或理论的特点，自主选题、自主设计，在教师的指导下得以实施的实验。

二、设计性实验的特征

根据设计性实验的含义及其目的要求，设计性实验一般具有以下特征。

（一）学生学习的主动性

设计性实验在给定实验目的和实验条件的前提下，学生在教师的指导下自己设计实验方案，选择实验器材，制定操作程序；学生运用自己掌握的知识分析实验的可行性、探讨实验结果。在整个实验过程中，学生处于主动学习状态，学习目的明确、创造性思维活跃，主动性学习的积极性得到极大锻炼。

（二）实验内容的探索性

设计性实验的实验内容大多尚未被学生所系统了解，需要学生通过实验去认识、去学习，打破传统的"实验依附理论"教学模式，恢复了实验在人们认识自然界、探索科学发现过程中的本来面目，使实验教学真正成为学生学习知识、培养能力的基本方法和有效手段。

（三）实验方法的多样性

给定实验目的和实验条件、学生在教师指导下自行设计实验方案并加以实施是设计性实验与一般性实验的最大区别。因此，在实验过程中，虽然实验目的明确并且唯一，但实验条件可以选择、可以变化。不同的学生通过不同的实验途径和实验方法达到实验目的，改变了传统实验教学模式，有利于创新人才培养。

（徐慧颖）

第 2 节　设计性实验选题应遵循的基本原则

教师在指导学生进行选题时，一定要特别强调其注意选题的基本原则和要求，即课题要具有科学性、创造性、可行性和实用性，特别是创造性和可行性的辩证统一。

（1）科学性是指选题应在前人的科学理论和实验基础之上，符合科学规律与需要。

（2）创造性是指选题具有自己的独到之处，或提出新规律、新见解、新技术、新方法，或是对旧有的规律、技术、方法进行修改、补充。

（3）可行性是指选题切合研究者的学术水平、技术水平和实验室条件，使实验能够顺利得以实施。

（4）实用性是指选题具有明确的理论意义和实践意义。选题的过程是两个创造性思维的过程：它需要查阅大量的文献资料及实践资料，了解本课题近年来已取得的成果和存在的问题；找出要探索的课题关键所在，提出新的构思或假说，从而确定研究的课题。

（徐慧颖）

第 3 节　设计性实验实施的基本要求与程序

一、设计性实验实施的基本要求

（一）基本原理

设计性实验的关键部分是实验设计，其基本原理是运用统计学的知识和方法，使实验因素在其他所有因素都被严格控制的条件下，实验效应（作用）能够准确地显示出来，最大限度地减少实验误差，使实验达到高效、快速和经济的目的。因此，实验设计是关于实验研究的计划和方案的制定，是对实验研究所涉及的各项基本问题的合理安排，是使实验研究能获得预期结果的重要保证。

（二）基本要素

医学实验研究，无论是在动物身上进行实验，还是在医院里以患者为对象的临床实验，都包括最基本的三大要素，即处理因素、实验对象与实验效应。

1. 处理因素　实验中根据研究目的确定的由实验者人为施加给受试对象的因素称为处理因素，如药物、某种手术、某种护理等。

2. 受试对象　机能学实验的受试对象包括人和动物。为了避免实验给人带来损害或痛苦，除某些简单的观察，如血压、脉搏、呼吸、尿量的实验可以在人体进行以外，主要的实验对象应当是动物，选择动物的条件如下。

（1）必须选用健康动物。

动物的健康状态可以从动物的活动情况和外观加以判断，如狗、兔等动物有病时，常表现为精神萎靡不振、行动迟缓、毛蓬乱、无光泽、鼻部皮肤干燥、流鼻水、眼有分泌物或痂样积垢、身上腥臭气味浓重、肛门及外生殖器有稀便、分泌物等。

（2）动物的种属及其生理、生化特点是否合适复制某一模型。

例如鸡、犬不适合做发热模型，家兔则适合；大鼠、小鼠、猫不适合做动脉粥样硬化模型，猪、兔、鸡、猴则合适；大鼠没有胆囊；猫和鸽有灵敏的呕吐反射，而家兔和其他啮齿动物则不发生呕吐；豚鼠耳蜗较发达，常用于引导耳蜗微音器电位；呈一束的减压神经仅见于家兔，多用于减压反射或减压神经放电实验等。

（3）动物的生物学特征是否比较接近人类而又经济易得。

猴、猩猩的许多基础生物学特征与人类十分接近，用猴、猩猩等复制人类疾病模型进行实验研究，所得的结果比较接近人的情况，然而因为这些动物价格昂贵，饲养、管理的要求也较高，故常采用其他价廉易得的动物，如需用大动物完成，可选用犬、羊、猪，一般常选择的实验动物为家兔、大鼠、小鼠等，只在某些关键性的实验时才使用那些昂贵难得的动物。

（4）动物的品系和等级是否符合要求。

不同的实验研究有不同的要求。原发性高血压大鼠适合高血压实验研究，裸鼠适合做肿瘤病因学实验研究，一般清洁动物适合学生实验，无菌动物适合高要求的实验研究。

（5）动物的年龄、体重、性别最好相同，以减少个体间的生物差异。

动物年龄可按体重大小来估计。大体上，成年小鼠为 20～30g；大鼠为 180～250g；豚鼠为450～700g；兔为 2.0～2.5kg；狗为 9～15kg。急性实验选用成年动物，慢性实验最好选择年轻健壮的雄性动物。对性别要求不高的实验，雌雄应搭配适当；与性别有关的实验研究，则严格按实验要求选择性别。

3．实验效应　实验效应主要是指选用什么样的标志或指标来表达处理因素对受试对象的某种作用的有无及大小的问题。这些指标包括计数指标（定性指标）和计量指标（定量指标），主观指标和客观指标等。指标的选定需符合以下原则。

（1）特异性：反映某一特定的现象而不致与其他现象相混淆。如舒张压升高可作为高血压病的特异指标。

（2）客观性：选用易于量化的、经过仪器测量和检验而获得的指标，如心电图、脑电图、血气分析等实验室的检测结果，以及病理学的诊断意见、细菌学培养结果等。

（3）重复性：即在相同条件下，指标可以重复出现。为提高重现性，需注意仪器的稳定性，减少操作的误差，控制动物的机能状态和实验环境条件。

（4）灵敏性：根据实验的要求，相应显示出微小的变化。由实验方法和仪器的灵敏度共同决定。

（5）精确性：准确度是指观察值与真值的接近程度，主要受系统误差的影响。精密度是指重复观察时，观察值与其均数的接近程度，其差值属随机误差。实验效应指标要求既准确又精密。

（6）可行性：即指标既有文献依据或实验鉴定，又符合本实验室和研究者的技术设备和实际水平。

4．在选择指标时，还应注意以下关系：

（1）客观指标优于主观指标；

（2）计量指标优于计数指标，将计数指标改为半定量指标也是一大进步；

（3）变异小的指标优于变异大的指标；

（4）动态指标优于静态指标，如体温、疗效、体内激素水平变化等，可按时、日、年龄等作动态观察；

（5）所选的指标要便于统计分析。

（三）实验设计的基本原则

为确保实验设计的科学性，除了对实验对象、处理因素、实验效应做出合理的安排以外，还必须遵循实验设计的三个原则，即对照、随机、重复的原则。

1. 对照的原则　所谓对照就是要设立参照物。因为没有对比，就无法鉴别优劣。在比较的各组之间，除处理因素不同外，其他非处理因素尽量保持相同，从而根据处理与不处理之间的差异，了解处理因素带来的特殊效应。通常实验应当有实验组和对照组，按统计学要求二者的非处理因素应当完全相同。

常用的对照形式有：

（1）空白对照：又称正常对照，是指在不加任何处理的"空白"条件下或给予安慰剂及安慰措施进行观察对照。例如，观察生长素对动物生长作用的实验，就要设立与实验组动物同属、同年龄、同性别、体重相近的空白对照组，以排除动物本身自然生长的可能影响。

（2）标准对照：是指用标准值或正常值作为对照，以及在所谓标准的条件下进行观察对照。如要判断某人血细胞的数量是否在正常范围内，就要通过计数红细胞、白细胞、血小板的数量，将测得的结果与正常值进行对照，根据其是否偏离正常值的范围作出判断。这时用的正常值就是标准对照。

（3）实验对照：是指在某种有关的实验条件下进行观察对照。如要研究切断迷走神经对胃酸分泌的影响，除设空白对照外，尚需设假手术组作为手术对照，以排除手术本身的影响，假手术组就是实验对照。

（4）自身对照：是指用同体实验前资料作为对照，将实验后的结果与实验前的资料进行比较。这种同体实验前后资料的对比，称自身对照。例如，用药前、后的对比。

（5）相互对照：又称组间对照。不设立对照组，而是几个实验组、几种处理方法之间互为对照。例如，三种方案治疗贫血，三个方案组可互为对照，以比较疗效的优劣。

2. 随机的原则　即所研究总体中的每一个个体都有同等的机会被分配到任何一个组中去，分组的结果不受人为因素的干扰和影响。同时，实验操作的顺序也应当是随机的。通过随机化的处理，可使抽取的样本能够代表总体，减少抽样误差；还可使各组样本的条件尽量一致，减小或消除组间人为的误差，从而使处理因素产生的效应更加客观，便于得出正确的实验结果。例如进行一个药物疗效的实验，观察某种新的抗生素对呼吸道感染的治疗效果，实验组和对照组复制同一程度的呼吸道感染模型，然后实验组给予新的抗生素，对照组给予等量生理盐水。如果动物的分配不是随机进行，把营养状态好和体格健壮的动物均放在实验组，把营养和体格不好的动物放在盐水对照组，最后得到的阳性实验结果并不能真正反映药物的疗效，很可能是动物体格差异所致。

3. 重复的原则　重复是指各处理组及对照组的例数（或实验次数）要有一定的数量。若样本量过少，所得的结果不够稳定，其结论的可靠性也差。如样本过多，不仅增加工作难度，而且造成不必要的人力、财力和物力的浪费。

二、设计性实验实施的程序

设计性实验的实施需要教师的精心指导，讲述实验设计的目的与意义、如何选题、实验设计的步骤、注意事项、实验室现有的仪器设备、实验设计方案的书写格式及如何进行课堂答辩等。学生组成课题研究小组，经过查阅文献资料、调研、选择实验项目，自己提出实验设计方案即"实验设计书"，提交老师审阅修改后再在小组会上进行开题论证，其方案经指导教师审查同意后，组织学生开展预实验，初步找出实验数据，然后进行正式实验，实验结束后统计、分析实验结果并根据实验结果撰写论文，组织全组同学进行论文总结与答辩。具体步骤如下：

1. 选题　实验一般以3～4人组成科研小组，由指导教师命题或自行命题，查阅文献，拟订立题报告。

2．完成实验设计方案 查阅资料文献后，小组成员进行讨论、汇总文献资料，设计实验方法和实验步骤，包括实验材料和对象、实验的例数和分组、技术路线和观察指标，以及每一步实验可能出现的实验结果等，提交指导教师审阅、修改完善。

3．设计报告的可行性论证 采用小组讨论、教师审批和全体答辩相结合等方式进行先期论证，然后进行预实验，根据预实验结果，调整或修改设计方案，正式进入实验阶段。

4．按照设计方案完成实验 根据实验设计，进行实验准备工作→实验阶段，完成实验记录→收集、整理实验资料→进行统计分析。

5．总结和完成论文，进行论文答辩 小组成员对实验数据进行讨论、归纳和处理，书写实验报告。报告内容应包括：实验题目、实验目的与实验原理、实验对象、实验材料、实验步骤、观察项目、实验结果、讨论分析等，后附参考文献。

（徐慧颖）

第4节 设计性实验的评价与考核

一、实验评价

设计性实验对提高学生的综合素质、培养创新能力具有非常重要的作用。设计性实验的评价应强调评价主体和评价过程的多元化，重视评价实验的动态变化，注重个性化与差异性评价。

（一）设计性实验的评价原则

1．多元化原则 鼓励学生根据自身的兴趣爱好、个性特长，结合自身情感、智力和能力等特点，自主选择实验内容和方式，教师从多方面、多角度、多层次评价，可另外设附加分，鼓励学生进行创新性、综合性、探究性实验。充分调动学生的积极性、创造性，促进学生多项潜能发展，促进其人格的和谐发展。

2．开放性原则 将单一结果评价改为多项内容组合的开放性评价。学生可以从不同指标中根据自身特长选择、设计实验，为不同智力特征学生提供施展才华的机会，更好地发现和发挥学生的潜在能力，促进学生自主能力的发展。

3．实践性原则 评价重心由掌握知识的多少向运用知识解决问题的能力转移，更注重用所学知识解决实际问题的能力。注重评价实验技能掌握情况以及运用相关技能进行实验操作的能力。

4．鼓励性原则 评价项目能鼓励学生质疑、引导创新，引导学生查找资料、提出方案，探究问题答案。在评价中及时给学生以肯定、激励和赞扬，使学生在心理上获得自信和成功体验，激发学习动机，诱发学习兴趣。鼓励学生勇于尝试，在失败面前不气馁。

5．双向性原则 教学是师生互动的双向性活动。教师是"教"的主体，学生是"学"的主体。只有主体的双向性或互动性的实现，实验教学的质量才能更大提高。设计性实验的评价应为双向性，才能使评价更加全面而公正，利于师生人格的交融。

（二）设计性实验评价中应注意的几个方面

1．评价设计方案 从以下几方面评价学生的实验设计方案：
（1）学生对所选课题的资料收集情况；
（2）实验方案的设计是否体现创新思维、是否有独到的见解；
（3）对实验的结构进行推理、推测是否合理、准确；

（4）对实验中可能出现的问题，处理意见是否正确，措施是否得当。

2. 评价实验的动态变化　实验设计、实验结果、实验报告等属于静态指标，而实验过程是学生情感、经验的交流、合作与碰撞的过程，属于动态指标。该过程对学生的认知、能力动态变化和发展具有更深远的影响。教师应及时把握利用这些动态因素，给以恰如其分的引导与评价。

3. 评价差异性与个体化　教师关注学生的个体差异，有利于学生个性的发展。不能单纯仅用实验结果或实验报告来评价、考核学生的优劣，而应该采取多种评价指标来衡量。

二、考核方法

生理学实验的考核方法综合了经常性实验考核与设计性实验考核相结合。前者包括实验报告和平时参加实验的具体情况，如个别提问、实验操作等，由带教老师在每次实验教学中具体完成；后者采用教师跟组考评记分，最后带教老师将平时提问、实验报告、实验操作等平时成绩与设计方案、实验准备、实验操作等设计性实验成绩汇总。设计性实验考评重点内容如下：

1. 实验设计质量　重点考评实验设计的科学性、操作的可行性、设计的创新性、实验结果预测的合理性等。

2. 实验结果评价　重点考评实验结果的可靠性、准确性，实验结果获得的难度等。

3. 实验报告评价　重点考评实验报告格式的规范性、完整性，结果分析的合理性、实验结论的归纳性等。

4. 创新能力　包括收集最新资料的能力、方案设计、器械改进、处理问题能力等。

（徐慧颖）

第5节　设计性实验范例

一、酸枣仁对小白鼠镇静作用的实验观察

【实验原理】

酸枣仁味甘性平，入心、肝经，为滋养性安神药。尼可刹米为呼吸中枢兴奋剂，过量时可引起血压升高、心动过速、肌肉震颤等中毒症状。本实验目的是观察中枢兴奋药尼可刹米引起小鼠惊厥及酸枣仁对小鼠的镇静作用。

【实验对象】

小鼠（雌雄各半），体重18～22g。

【实验材料】

注射器（1mL、2mL）、天平、烧杯、瓷盘、鼠笼、煎药罐等。100%酸枣仁煎液、生理盐水、尼克刹米。

【实验步骤】

1. 药品煎煮准备：称酸枣仁10g，加水40mL，煎煮20min。最后将药液浓缩至10mL，用纱布过滤；

2. 取小鼠8只，分2组，每组4只，雌雄各半，分别称重，并做好标记。然后分为给药组和对照组；

3. 给药组取小鼠4只，分别抽酸枣仁煎液（0.2mL/10g小鼠），给小鼠腹腔内注射，20min后，用1mL注射器皮下注射尼可刹米（0.1mL/10g），观察发生惊厥后反应；

4. 对照组取小鼠4只，用1mL注射器分别抽生理盐水（0.2mL/10g），给小鼠腹腔内注射

20min 后，用 1mL 注射器皮下注射尼可刹米（0.1mL/10g），观察发生惊厥后反应。

【实验结果】

表 14-1 实验结果

组别	编号	体重	酸枣仁煎液		生理盐水		20min 后观察情况
			注射量 /mL	注射时间	注射量 /mL	注射时间	
给药组	1						
	2						
	3						
	4						
对照组	1						
	2						
	3						
	4						

二、证明肾上腺皮质能提高机体对有害刺激的抵抗力

【实验原理】肾上腺皮质是维持生命所必需的。肾上腺皮质释放盐皮质激素、糖皮质激素和少量性激素。糖皮质激素参与体内糖、蛋白质和脂肪的代谢调节，并能增强机体对有害刺激的耐受力；盐皮质激素参与水盐代谢的调节。摘除肾上腺的动物可迅速表现出肾上腺皮质功能失调的现象，如食欲下降、低血压、肌无力、肾衰竭等，同时也出现抗炎症、抗过敏能力下降以及对有害刺激的耐受力下降。本实验目的是学习摘除法造成功能缺陷，以了解内分泌功能的实验方法；以及观察肾上腺皮质激素对机体的水盐代谢及应激能力等方面的作用。

【实验对象】
成年雄性大鼠 20 只，体重 180～220g。

【实验材料】
常用哺乳类动物手术器械、鼠板、注射器（1mL、2mL）、天平、烧杯、瓷盘、鼠笼、乙醇棉球等。酒精、生理盐水、乙醚、1% 氯化钠溶液、可的松。

【实验步骤】
1. 动物分组 选择健康且体重接近的雄性大鼠 20 只，称重编号，随机分为 4 组，每组 5 只。第 1、2、3 组大鼠为摘除肾上腺的实验组，第 4 组为正常对照组。
2. 动物手术 大鼠用乙醚麻醉，腹位固定于鼠板上。剪去大鼠背部的被毛，用酒精消毒手术部位和手术者的双手，手术器械提前用酒精浸泡 10min。在大鼠背部正中线做一长约 3cm 切口，用镊子夹住皮肤边缘，将切口牵向左侧。分离两侧肌肉。在左肋骨下缘将腹壁剪一约 1cm 切口，以小镊子夹生理盐水棉球轻轻推开腹腔内的脏器和组织，即可在肾的上方找到淡黄色的肾上腺。其直径 2～4mm，周围被肾脂肪组织所包裹。用小镊子紧紧夹住肾上腺与肾之间的血管和组织，再用眼科剪或小镊子将肾上腺摘除。然后按照上法行右侧肾上腺摘除术。摘除肾上腺后，依次用手术线缝合肌层和皮肤的切口，用乙醇棉球消毒皮肤的缝合口。手术后，各组大鼠在同样的条件下饲养。对照组大鼠的手术操作同手术组，但是不摘除肾上腺。

【观察项目】
1. 肾上腺摘除对大鼠水盐代谢和存活率的影响 手术后，第 1 组（去肾上腺）和第 4 组大

鼠只饮清水；第2组（去肾上腺＋盐水）动物饮1%氯化钠溶液；第3组（去肾上腺＋可的松）动物除饮清水外，每天灌服可的松2次，每次50μg。每日记录大鼠体重、进食情况、活动情况和肌肉紧张度及死亡率等，连续观察一周。实验结果列表比较。

2. 肾上腺摘除对大鼠应激功能的影响　进行本项实验前2d，对存活的实验组（去肾上腺）大鼠和对照组大鼠均停止喂食，全部只饮用清水（即不再给以盐水和可的松）。

（1）实验时，在每组中各取2只大鼠进行观察，比较它们在禁食2d后，在姿势、活动情况、肌肉紧张度等方面与禁食前有何变化？各组大鼠间的变化有何差异？

（2）将大鼠移入2℃冷室内，停止给药，保证大鼠的饮水和食物供给，每日观察一次，记录其死亡情况。以存活率为纵坐标，日数为横坐标，做图表示。

【注意事项】

1. 大鼠应逐一编号，以免混淆，可用记号笔标号或采用细铝丝穿耳等。

2. 摘除肾上腺后，大鼠对有害刺激的抵抗力降低，因此大鼠应尽可能分笼饲养以免互相残杀。同时保证高热量、高蛋白的饲料供给以保证大鼠的存活率。室温尽量控制在20～25℃。

（徐慧颖）

附　　录

附录 1　常用生理盐溶液的配制

生理盐溶液（physiologic salt solution, PSS）一般指用于温浴或灌流离体组织或器官的近似于生物组织液的液体。PSS 为离体标本提供近似体内的生理环境，其中包括适当的各种离子浓度和渗透压、适当而恒定的酸碱环境、足够的能量。PSS 的选择与配制是影响实验成败的最重要因素之一，若 PSS 选择或配制不当，标本的反应性会出现异常甚至难以存活。

生理学实验常用的 PSS 详见附表 1-1 和附表 1-2。

附表 1-1　生理学实验常用盐溶液配制　　　　　单位：g（水：mL）

药品名称	生理盐水		任氏液	乐氏液	台氏液
	两栖类	哺乳类	两栖类动物	哺乳类动物	哺乳类动物（小肠）
氯化钠（NaCl）	6.5	9.0	6.50	9.00	8.00
氯化钾（KCl）	—	—	0.14	0.42	0.20
氯化钙（CaCl$_2$）	—	—	0.12	0.24	0.20
氯化镁（MgCl$_2$）	—	—	—	—	0.10
葡萄糖（G·S）	—	—	2.00	1～2.5	1.00
碳酸氢钠（NaHCO$_3$）	—	—	0.20	0.1～0.3	1.00
磷酸二氢钾（KH$_2$PO$_4$）	—	0.01	—	0.05	—
蒸馏水（H$_2$O）	加至 1000	加至 1000	加至 1000	加至 1000	加至 1000

附表 1-2　生理学实验常用盐溶液配制方法　　　　　单位：g（水：mL）

药品名称	生理盐水		任氏液	乐氏液	台氏液
	两栖类	哺乳类	两栖类动物	哺乳类动物	哺乳类动物（小肠）
氯化钠（NaCl）	6.5	9.0	6.50	9.00	8.00
氯化钾（KCl）	—	—	0.14	0.42	0.20
氯化钙（CaCl$_2$）	—	—	0.12	0.24	0.20
氯化镁（MgCl$_2$）	—	—	—	—	0.10
葡萄糖（G·S）	—	—	2.00（可不加）	1.0～2.5	1.00
碳酸氢钠（NaHCO$_3$）	—	—	0.20	0.1～0.3	1.00
磷酸二氢钠（NaH$_2$PO$_4$）	—	—	0.01	—	0.05
蒸馏水（H$_2$O）	加至 1000	加至 1000	加至 1000	加至 1000	加至 1000

PSS 配制时，先将各成分分别配制成一定浓度的基础溶液，然后按附表 1-3 和附表 1-4 所列

分量混合而成。

附表 1-3　配制生理盐溶液所需的母液及其容量（一）*

药品名称	母液浓度 / %	任氏液	乐氏液	台氏液
氯化钠（NaCl）	20	32.50	45.00	40.00
氯化钾（KCl）	10	1.4	4.2	2.0
氯化钙（CaCl₂）	10	1.2	2.4	2.0
氯化镁（MgCl₂）	5	—	—	2.0
葡萄糖（G·S）	5	4.00	10～50	20.00
碳酸氢钠（NaHCO₃）	5	4.00	2.0	20.00
磷酸二氢钾（KH₂PO₄）	1	1.0	—	5.0
蒸馏水（H₂O）		加至 1000	加至 1000	加至 1000

*表内各成分除葡萄糖以 g 为单位外，均以 mL 为单位

附表 1-4　配制生理盐溶液所需的母液及其容量（二）*

药品名称	母液浓度 / %	任氏液	乐氏液	台氏液
氯化钠（NaCl）	20	32.50	45.00	40.00
氯化钾（KCl）	10	1.4	4.2	2.0
氯化钙（CaCl₂）	10	1.2	2.4	2.0
氯化镁（MgCl₂）	5	—	—	2.0
葡萄糖（G·S）	—	2.00（可不加）	1.0～2.5	1.00
碳酸氢钠（NaHCO₃）	5	4.00	2.0	20.00
磷酸二氢钠（NaH₂PO₄）	1	1.0	—	5.0
蒸馏水（H₂O）		加至 1000	加至 1000	加至 1000

*表内各成分除葡萄糖以 g 为单位外，均以 mL 为单位

（孟　超）

附录 2　常用麻醉剂的种类及用法

麻醉剂可分为局部麻醉剂和全身麻醉剂两种。局部麻醉剂常用 0.5%～1.0% 盐酸普鲁卡因或 2% 盐酸可卡因作为皮肤或黏膜表面麻醉。在生理实验中，多采用全身麻醉剂，如挥发性的乙醚、氟烷，非挥发性的巴比妥类、氨基甲酸乙酯等，常用麻醉剂的剂量和用法见附表 2-1。

附表 2-1　动物常用麻醉剂的剂量和用法

麻醉剂	动物种类	给药途径	药物浓度 /%	剂量 /（mg/kg）	维持时间 /h	备　　注
乙醚	各种动物	气管吸入	—	适量	较短	乙醚对呼吸道有刺激作用，可用阿托品皮下或肌内注射预防
戊巴比妥钠	狗、猫、兔	静脉	1.5～3	30	2～4	麻醉较平稳
	狗、猫、兔	腹腔		35		麻醉过量时，可用咖啡因或苯丙胺解救
	鼠类	腹腔	0.4～0.9	40		
氨基甲酸乙酯	狗、猫、兔	静脉	20～25	1000	2～4	易溶于水
	狗、猫、兔	腹腔		1000		对器官功能影响较小
	鼠类	腹腔		1000		
	蛙类	皮下淋巴囊		1000		

续表

麻醉剂	动物种类	给药途径	药物浓度 /%	剂量 /（mg/kg）	维持时间 /h	备　注
水合三氯乙醛	狗、兔 猫 鼠类	静脉 腹腔 腹腔	10	200～250 200～250 250～300	3～4	溶解度较低，可加温助溶，但不可煮沸。对呼吸及血管运动中枢影响较小
硫贲妥纳	狗、猫 兔	静脉 静脉	2.5～5	15～25 10～20	0.5～1.5	溶液不稳定，需使用前配置。刺激性较大，不宜作为皮下或肌内注射。静脉注射对心血管及内脏损害较小，注射宜慢以免麻醉过深
苯巴比妥钠	狗、猫、兔 狗、猫、兔 鸽	静脉 腹腔 肌肉	10	80～100 100～150 300	24～72	麻醉诱导期较长，深度不易控制，不宜做血压实验，麻醉过量可用苯丙胺、四氯五甲烷解救

（史文婷　李驰坤）

附录 3　常用抗凝剂的配制

　　生理学实验中常需要抗凝剂防止血液凝固，以使实验顺利进行。如通过插管和导管记录血压或心室内压时，抗凝剂可以抑制血液凝固保证压力传送过程通畅及时、准确。抗凝剂还可用于体外分离血小板测定其功能、制备血清进行生化化验等。常用的抗凝剂有肝素、柠檬酸纳、草酸钾等。

　　1. 草酸钾　草酸钾为最常用的抗凝剂，用于血液样品检验的抗凝。其与血液混合后可迅速与血液中的钙离子结合，形成不溶解的草酸钙，使血液不凝固。常用于非蛋白氮测定，但不适用于测定钾和钙。草酸盐抑制乳酸脱氢酶、酸性磷酸酶和淀粉酶的活性，故应注意。

　　在试管内加饱和草酸钾溶液 2 滴，轻轻叩击试管，使溶液均匀分散到管壁四周，置低于80℃的烘箱内烤干备用。此抗凝管可用于 2～3mL 血液。

　　2. 肝素　肝素的抗凝作用很强，做动脉血压检测等实验时，常用它作为动物全身抗凝剂。肝素的抗凝作用主要是增强抗凝血酶的活性，抑制凝血酶的活力，阻止血小板凝聚，从而使血液不发生凝固。

　　体外抗凝：取 1% 肝素溶液 0.1mL 于试管内，均匀浸润试管内壁，放入 80～100℃烘箱中烤干备用。每管可用于 5～10mL 血液。

　　体内抗凝：常用量为 5～10mg/kg。市售肝素注射液浓度为 12 500U/mL，相当于肝素钠125mg。应置于 4℃下保存。

　　注意事项：做全血 DNA 提取时，抗凝剂不能采用肝素，因为肝素是聚合酶链式反应的抑制剂。

　　3. 枸橼酸钠　又称为柠檬酸钠。枸橼酸钠可使钙失去活性，防止凝血。但其抗凝作用较差，碱性较强，不宜作为化学检验之用。一般仅用于体外抗凝，如分离血小板测定其功能，分离血浆等，其抗凝浓度一般为 0.1～0.2mg/mL。

　　体外抗凝：常用 3.8% 枸橼酸钠溶液，用量为枸橼酸钠溶液：血液＝1：9，如用于红细胞沉降率的测定等。急性血压实验常用 5%～7% 枸橼酸钠溶液抗凝。也可直接加粉剂，每毫升血加3～5mg，即可达到抗凝目的。

　　4. 乙二胺四乙酸（EDTA）　乙二胺四乙酸可与钙形成螯合物，而使血液不凝固。常用乙二胺四乙酸二钠盐（EDTA-Na_2），1～2mg 可抗凝 1mL 血液。特别适用血液学检查，不宜用于含氮化合物、钠和钙的测定。

（史文婷　白金萍）

附录 4　常用动物的生理、生化指标

1. 实验动物临床生理正常指标值表

动物种类	体温 /℃	呼吸数 /(次/分)	脉数 /(次/分)	血压 /mmHg	红细胞数 /×10⁶	血红数 /(g/100mL)	血细胞容量值 /%	红细胞直径 /μm
小鼠	38.0 (37.7~38.7)	128.6 (118~139)	485 (422~549)	147 (133~160)	93 (92~118)	12~16	54.6	5.5
大鼠	38.2 (37.8~38.7)	85.5	344 (324~341)	107 (92~118)	8.9 (7.2~9.6)	15.6	50	6.6
豚鼠	38.5 (38.2~38.9)	92.7 (66~120)	287 (297~350)	75~90	5.6 (4.5~7.0)	11~15	33~44	7.0
家兔	39.0 (38.5~39.5)	51 (38~)	205 (123~304)	89.3 (59~119)	5.7 (4.5~7.0)	110.4~15.6	33~44	7.0
地鼠	37.0（颊囊）直肠低 1~2 夏天 38.7±0.3	74 (33~127)	450 (300~600)	90~100	7.4	17.6	47.9	6.2~7.0
犬	38.5 (37.5~39.0)	10~30	70~120	155	6.3 (6.0~9.5)	8~13.8	40.8	6.0
猫	39.0 (38.0~39.5)	20~30	120~140	140~170	8.0 (6.5~9.5)	8~13.8	40.8	6.0
日本猴	38.0 (37.7~38.6)	45~50	75~130		4.84	11~14	44.9	
猕猴	37~40	39~60	175~253	140~176	5.4~6.1	13~15	44 (41~47)	6.7
绵羊	39.1 (38.3~39.9)	12~20	70~80	110 (90~140)	8.0	9~14.5	41.7	4.53
山羊	39.9 (38.7~40.7)	12~20	70~80	120	13.0	9~14	38.6	4.2

2. 实验动物白细胞正常指标值表

动物种类	白细胞数/10⁹	白细胞分类/%						血液相对密度	血量/体重
		嗜碱	嗜酸	中性	淋巴细胞	单核细胞			
小鼠	8.0 4.0~12.0	0.5 0~1.0	2.0 0~5.0	25.5 12.0~44.0	68.0 54.0~85.0	4.0 0~15.0		1/5
大鼠	14.0 5.0~25.0	0.5 0.0~1.5	2.2 0.0~0.6	46.0 36.0~52.0	73.0 65.0~84.0	2.3 0.0~5.0		1/20
豚鼠	10.0 7.0~19.0	0.7 0.0~2.0	4.0 2.0~12.0	42.0 22.0~50.0	9.0 37.0~64.0	4.3 3.0~13.0		1/20
家兔	9.0 6.0~13.0	5.0 2.0~7.0	2.0 0.5~3.5	46.0 36.0~52.0	39.0 30.0~52.0	8.0 4.0~12.0	1.050	1/20
地鼠	7.0	0	0.6	24.5	73.9	1.1		1/20
狗	12 8.0~18.0	0.7 0.0~2.0	5.1 2.0~14.0	68 62.0~80.0	21 10.0~28.0	5.2 3.0~9.0	1.059	1/13
猫	16 9.0~24.0	0.1 0.0~0.5	5.4 2.0~11.0	59.5 44.0~82.0	31.0 15.0~44.0	4.0 0.5~7.0	1.054	1/20
日本猴	15.6 10.2~24.0	0.6	1.0	35.3	57.9	5.0		
猕猴	7.2~14.4	0.2±0.6 0.2±0.6	4.9±3.9 5.1±6.2	20.9±11.1 23.7±10.9	70.8±12.3 67.8±11.3	3.5±2.5 4.3±2.9		1/15
绵羊	6.0~12.0	0	3.0	34.7	60.3	2.0	1.042	1/12
山羊	6.0~15.0	0.2	4.2	38.4	55.1	2.1	1.062	1/12

3. 实验动物饲料量、饮水量、产热量表

动物种类	饲料量 / (g/d)	饮水量 / (mL/d)	热量 / (cal/h)
小鼠（成）	2.8~7.0 （4~6）	4~7 （6）	2.34
大鼠（50g）	9.3~18.7 （12~15）	20~45 （35）	15.60
豚鼠（成）	14.2~28.4	85~150 （145）	21.81
兔 1.36~2.26kg	28.4~85.1/kg （150）	60~140/kg （300）	132.60 9.75
金黄地鼠（成）	2.8~22.7 （10~15）	8~12	
沙鼠（成）	8.5~14.2	10~15	15.60
猪（成）	1.8~3.6kg	3.8~5.7L	
犬（4.5kg）	300~500	350	312~585
猫（2~4kg）	113~227	100~200	97.5~117
黑猩猩（成）	0.9~1.8kg	600~1000	156~858
猕猴（成）	113~907	200~950 （450）	253.5~780
牛（成）	7.0~12.7kg	38~83L	3120
牛仔	1.8~6.8kg	7.6~15L	1365
绵羊（成）	0.9~2.0kg	0.5~1.4L	3120
山羊（成）	0.7~4.5kg	1~41	1365~2145
鸡（成）	96.4		117
鸽（成）	28.4~85.1		3.9~7.8

4. 实验动物排便排尿量表

动物种类	排便量 / (g/d)	排尿量 / (mL/d)	动物种类	排便量 / (g/d)	排尿量 / (mL/d)
小鼠（成）	1.4~2.8	1~3	猫（2~4kg）	56.7~227	20~30/kg
大鼠（50g）	7.1~14.2	10~15	黑猩猩（成）	140~410/kg	0.5~11
豚鼠（成）	21.2~85.0	15~75	猕猴（成）	110~300/kg	110~550
兔 1.36~2.26kg	14.2~56.7/kg	40~100/kg	牛（成）	27.0~60.8kg	11.4~19.0L
金黄地鼠（成）	5.7~22.7	6~12	牛仔	1.4~6.4kg	3.8~11.4L
沙鼠（成）		2~3 滴	绵羊（成）	1.4~2.7kg	0.9~1.9L
猪（成）	2.7~3.2kg	1.9~3.8L	山羊（成）	1.4~2.7kg	0.7~2.0L
犬（4.5kg）	113~340	65~400	鸡（成）	113~227	
			鸽（成）	170	

5. 实验动物生殖生理指标值表

动物种类	始发情期（生后）	繁殖适龄期（生后）	成熟体重	性周期 /d	发情持续时间	发情性质	由发情开始至排卵	妊娠期 /d	产仔数	新生重 /g	哺乳时间	离乳体重 /g	成年体重
小鼠	30~40d	8周	20g以上	5（4~7）	12h（8~20h）	全年	2~3h	19（18~20）	6（1~18）	1.5	21d	10~12	25~30g
大鼠	50~60d	3个月	♂250g以上 ♀150g以上	4（4~5）	13.5h（8~20h）	全年	8~10h	20（19~22）	8（1~12）	5~6	21 d	35~40	250~400g
豚鼠	45~60d	4个月	500g以上	16.5（14~17）	8h（1~18h）	全年	10h	68（62~72）	3.5（1~6）	85~90	21d	250 160~170	500~800g
家兔	150~240d	4个月	2.5kg以上			全年	交配后10.5h	30（29~35）	6（1~10）	100 70~80	45 d	1000	1000~7000g 2900g
金黄地鼠	20~35d	8周	♂70g ♀70g以上	4（4~5）	4h（4~5h） 6h（12h）	全年	8~12h	16（15~19）	7（3~14）	1.3~3.2	21 d	37~42	110~125g
狗	180~240d	12个月	5~20kg	180（126~240）	9d（4~13d）	春秋2次	1~3d	60（58~63）	7（1~20）	200~500	60 d		10~30kg
猫	180~240d	12个月	2~3kg	4（3~21）	4d（3~10d）	每年2季发情，每季数次	交配后24h	63（60~68）	4	90~130	60 d		
猕猴	36~40个月	48个月	♂5kg以上 ♀4kg以上	28（23~33）	4~6d	11月~次年3月发情一次	月经开始第11~15d	164（149~180）	1	300~600	6~8个月		
绵羊	180~240d	12个月	♂80kg ♀55kg	16（14~20）	1.5d（1~3d）	秋	12~18h	150（140~160）	1~2		4个月		
山羊	180~240d		♂75kg ♀45kg	21（15~24）	2.5d（2~3d）	秋	9~19h	151（140~160）	1~3		3个月		

6. 实验动物脏器重量值表

动物种类	平均体重	脏器重量占体重的百分比 /%											
		肝	脾	肾	心脏	肺	脑	甲状腺	肾上腺	下垂体	眼球	睾丸	胰
小鼠♂	20g	5.18	0.38	0.88	0.5	0.74	1.42	0.01	0.0168	0.0074		0.5980	0.34
大鼠	201~300g	4.07	0.43	0.74	0.38	0.79	0.29	0.0097	♂ 0.015 ♀ 0.023	0.0025 0.0041	0.12	0.87	0.39
豚鼠	361.5g	4.48	0.15	0.86	0.37	0.67	0.92	0.0161	0.0512	0.0026		0.5255	
家兔♂ ♀	2900g 2975g	2.09 2.52	0.31 0.30	0.25 0.25	0.27 0.29	0.60 0.43	0.39 0.35	0.0310 0.0202	0.011 0.0089	0.0017 0.0010	0.210 0.171	0.174	0.106~0.171
金黄地鼠	120g	5.16	0.46	0.53	0.47	0.61	0.88	0.006	0.02	0.003	0.18	0.81	
狗	13kg	2.94	0.54	0.30	0.85	0.94	0.59	0.02	0.01	0.0007	0.10	0.2	0.2
猫	3.3kg	3.59	0.29	1.07	0.45	1.04	0.77	0.01	0.02	0.0008	0.32		
猴♂ ♀	3.3kg 3.6kg	2.66 3.19	0.29	0.61 0.70	0.34 0.29	0.53 0.79	2.78 2.57	0.001	0.02 0.03	0.0014		0.5422	
山羊	28kg	1.90		0.35			0.41				0.11		

7. 实验动物肠道长度值表

动物种类	单位	肠道长度			
		全长	小肠	盲肠	大肠
狗	m	2.2~5.0	2.0~4.8	0.12~0.15	0.6~0.8
猫	m	1.2~1.7	0.9~1.2		0.3~0.45
兔	cm	98.2~101.8	60.1~61.7	10.8~11.4	27.3~28.7
豚鼠	cm	98.5~102.7	58.4~59.6	4.3~4.9	35.8~37.2
大白鼠	cm	99.4~100.8	80.5~81.1	2.7~2.9	16.2~16.8
小白鼠	cm	99.3~100.7	76.5~77.3	3.4~3.6	19.4~19.8
猪	m	18.2~25.0	15~21	0.2~0.4	3.0~3.5
绵羊	m	22.5~39.5	18.35	0.3	4~5
牛	m	37.8~60.0	27~49	0.8	10
马	m	23.5~37.0	19.0~30.0	1.0~1.5	3.5~5.5
鸡	cm	204~216	180	12~25	12

8. 实验动物血清生化指标值表

动物种类	胆红素 /(mg%)	胆固醇 /(mg%)	肌酐 /(mg%)	葡萄糖 /(mg%)	尿素氮 /(mg%)	尿酸 /(mg%)	钠 /(mEq/L)	钾 /(mEq/L)	氯 /(mEq/L)	重碳酸盐 /(mEq/L)	无机磷 /(mg%)	钙 /(mg%)	镁 /(mg%)
小鼠	0.75±0.05	63.3±11.8	0.84±0.19	92.2±10.5	20.8±5.86	4.12±1.10	138±2.90	5.25±0.13	108±0.60	26.2±2.10	5.60±1.61	5.60±0.40	3.11±0.37
	0.70±0.04	65.5±21.1	0.67±0.17	85.0±9.50	17.9±4.50	3.90±0.95	134±2.60	5.40±0.15	107±0.55	24.8±2.50	6.55±1.30	7.40±0.50	1.38±0.28
	(0.10~0.90)	(26.0~82.4)	(0.30~1.00)	(62.8~176)	(13.9~28.3)	(1.20~5.00)	(128~145)	(4.85~5.85)	(105~110)	(20.2~31.5)	(2.30~9.20)	(3.20~8.50)	(0.80~3.90)
大鼠	0.35±0.02	28.3±10.2	0.46±0.13	78.0±14.0	15.5±4.44	1.99±0.25	147±2.65	5.82±0.11	102±0.85	24.0±3.80	7.56±1.51	12.2±0.75	3.12±0.41
	0.24±0.07	24.7±9.62	0.49±0.12	71.0±16.0	13.8±4.15	1.79±0.24	146±2.50	6.70±0.12	101±0.95	20.8±3.60	8.26±1.41	10.6±0.89	2.60±0.21
	(0.00~0.55)	(10.0~54.0)	(0.20~0.80)	(50.0~135)	(5.0~29.0)	(1.20~7.50)	(143~156)	(5.40~7.00)	(100~110)	(12.6~32.0)	(3.11~11.0)	(7.20~13.9)	(1.60~4.44)
豚鼠	0.30±0.08	32.0±10.5	1.38±0.39	95.3±11.9	25.2±6.37	3.45±0.40	122±0.98	4.87±0.84	92.3±1.04	22.0±4.00	5.33±1.15	9.60±0.63	2.35±0.25
	0.32±0.07	26.8±11.1	1.40±0.35	89.0±9.60	21.5±5.84	3.38±0.41	125±0.96	5.06±0.93	96.5±1.19	20.9±3.80	5.30±1.10	10.7±0.58	2.46±0.27
	(0.00~0.90)	(16.0~43.0)	(0.62~2.18)	(82.0~107)	(9.00~31.5)	(1.30~5.60)	(120~146)	(3.80~7.95)	(90.0~115)	(12.8~30.0)	(3.00~7.63)	(8.30~12.0)	(1.80~3.00)
兔	0.32±0.04	26.7±12.9	1.59±0.34	135±12.0	19.2±4.93	2.65±0.88	146±1.15	5.75±0.20	101±1.45	24.2±3.15	4.82±1.05	10.1±1.11	2.52±0.24
	0.30±0.04	24.5±11.2	1.67±0.38	128±14.0	17.6±4.36	2.62±0.87	141±1.40	6.40±0.16	105±1.22	22.8±3.20	5.06±0.93	9.50±1.10	3.20±0.22
	(0.00~0.74)	(10.0~80.0)	(0.50~2.65)	(78.0~155)	(13.1~29.5)	(1.00~4.30)	(138~155)	(3.70~6.80)	(92.0~122)	(16.2~31.8)	(2.30~6.90)	(5.60~12.1)	(2.00~5.40)
地鼠	0.42±0.12	54.8±11.9	1.05±0.28	73.4±12.6	23.4±6.74	4.85±0.45	128±1.90	4.66±0.40	96.7±1.19	37.3±2.20	5.29±0.96	9.52±0.98	2.54±0.22
	0.36±0.11	51.5±11.0	0.98±0.30	65.0±10.5	20.8±5.64	4.36±0.50	134±2.30	5.30±0.50	93.8±1.20	39.1±2.30	6.04±1.10	10.4±0.92	2.20±0.14
	(0.20~0.74)	(0.00~80.0)	(0.35~1.65)	(32.6~118)	(12.5~26.0)	(1.80~5.30)	(106~146)	(4.00~5.90)	(85.7~112)	(32.7~44.1)	(3.40~8.24)	(7.40~12.0)	(1.90~3.50)
狗	0.25±0.11	211±32.0	1.35±0.35	132±16.4	15.0±4.90	0.55±0.11	147±2.20	4.54±1.10	114±1.15	21.8±3.60	4.40±1.00	10.2±0.42	2.10±0.30
	0.21±0.10	150±17.0	1.08±0.15	110±12.5	13.9±3.20	0.42±0.10	146±1.90	4.42±0.20	111±1.20	22.2±2.91	3.70±0.50	9.40±0.50	2.20±0.28
	(0.00~0.50)	(137~275)	(0.8~2.05)	(80.0~165)	(5.00~23.9)	(0.20~0.90)	(139~153)	(3.60~5.20)	(103~121)	(14.6~29.4)	(2.70~5.70)	(9.30~11.7)	(1.50~2.80)
猫	0.18±0.05	1.50±0.50	1.50±0.50	120±14.0	25.0±5.00	1.45±0.22	150±1.15	4.25±0.24	120±1.10	20.4±2.40	6.20±1.07	10.1±0.85	2.64±0.25
	0.15±0.04	1.40±0.45	1.40±0.45	114±15.0	27.5±4.50	1.30±0.20	152±1.20	5.30±0.31	112±1.00	21.8±2.80	6.40±1.17	11.2±0.92	2.54±0.21
	(0.10~1.89)	(0.40~2.60)	(0.40~2.60)	(60.0~145)	(14.0~32.5)	(0.00~1.85)	(147~156)	(4.00~6.00)	(110~123)	(14.5~27.4)	(4.50~8.10)	(8.10~13.3)	(2.00~3.00)
猕猴	0.38±0.28	1.50±0.09	1.50±0.09	91.0±14.0	12.3±19.0	0.90±0.11	153±7.50	4.70±0.80	115±12.5		5.16±1.00	9.61±0.33	
	0.51±0.60	1.28±0.06	1.28±0.06	71.8±10.6	13.0±1.10	1.29±0.14	150±6.30	4.08±0.65	110±27.6		5.25±1.20	10.9±0.70	
绵羊	0.29±0.09	1.56±0.36	1.56±0.36	96.0±17.0	24.0±2.55	1.22±0.70	149±4.25	4.70±0.91	120±0.60	26.2±1.80	5.90±0.11	11.4±0.32	2.27±0.25
	0.15±0.05	2.20±0.40	2.20±0.40	80.8±18.0	28.0±4.10	1.15±0.72	155±3.56	5.40±0.62	116±0.74	27.1±2.20	4.40±0.21	12.2±0.28	2.50±0.30
	(0.00~0.10)	(0.70~3.00)	(0.70~3.00)	(55.0~131)	(15.0~36.0)	(0.00~1.90)	(140~164)	(4.40~6.70)	(115~121)	(21.2~32.1)	(4.00~7.00)	(10.4~14.0)	(1.80~2.40)
山羊	0.05±0.01	1.36±0.46	1.36±0.46	83.5±15.0	20.5±3.80	0.67±0.33	147±3.52	3.61±0.18	103±0.52	24.6±2.10	10.9±0.98	10.3±0.70	2.50±0.36
	0.05±0.01	1.15±0.42	1.15±0.42	72.0±16.5	17.4±3.60	0.60±0.30	149±4.10	2.95±0.24	106±0.46	26.1±2.20	7.87±1.42	10.7±0.62	3.20±0.35
	(0.00~0.10)	(0.20~2.21)	(0.20~2.21)	(43~100)	(13.0~44.0)	(0.20~1.10)	(141~157)	(2.45~4.11)	(98.0~111)	(19.6~31.1)	(5.00~13.7)	(8.80~12.2)	(1.80~3.95)
鸡	0.10±0.02	1.38±0.27	1.38±0.27	162±15.1	1.95±0.75	5.28±1.20	153±2.35	5.06±0.38	119±1.38	23.0±2.1	7.05±0.80	14.4±5.20	2.58±0.27
	0.05±0.049	1.10±0.30	1.10±0.30	167±16.2	1.80±0.80	5.30±1.40	158±2.46	5.63±0.41	117±1.26	24.6±2.30	6.85±0.91	19.6±4.86	1.70±0.30
	(0.00~0.20)	(0.90~1.85)	(0.90~1.85)	(152~182)	(1.50~6.30)	(2.47~8.08)	(148~163)	(4.60~6.50)	(116~140)	(17.6~29.8)	(6.20~7.90)	(9.0~23.7)	(1.30~3.80)

mg%　每100毫升血清中所含的mg数

mEq/L　每1L血清中所含的mg当量数

（引自卢宗藩等编《家畜及实验动物生理生化参数》）

9. 实验动物蛋白正常指标值表

动物种类	血沉/(mm/h)	血清蛋白量	白蛋白/%	α蛋白/%	β蛋白/%	γ蛋白/%	寿命/年
小鼠		7.3 (6.1~8.3)	48.0±3.97	18.5±7.5	19.0±7.5	14.5±10.8	1~2
大鼠	♂0.70 ♀1.8	6.3	41.03~57.65 40.2	$\alpha_1$7.94~15.89 $\alpha_2$5.82~12.26 $\alpha_1$6.1 $\alpha_2$9.0	16.07~27.46 18.2	7.65~17.69 16.5	2~3
豚鼠	1.5	5.5 (5.0~6.1)	54.5 55.3	22.8 $\alpha_1$6.4 $\alpha_2$18.9	8.1 8.0	14.6 11.4	4~5
家兔	1-2	5.6 (4.3~7.0)	66.8±7.9 62.5 59.0~62.8	6.7±2.3 10.7 $\alpha_1$2.9~5.4 $\alpha_2$6.3~7.6	9.6±3.2 14.8 14.1~19.1	16.8±6.8 12.0 10.2~11.7	5~6
金黄地鼠	1.2	4.1 (2.4~5.7)	48.2±5.3	$\alpha_1$8.4±1.9 $\alpha_2$220.3±7.5	11.9±4.6	11.2±3.4	2~3
狗	2.0	6.4 (5.3~7.3)	43.0 51.1 49.3	16.3 11.3 12.0	25.4 17.7 22.3	15.3 19.9 16.4	15
猫	3.0	7.58	41.4	$\alpha_1$18.1 $\alpha_2$220.2 $\alpha_3$4.7	8.7 5.2	12.5	10
日本猴							20~30
猕猴		7.2	61.1	14.5	38.6	21.8	20
绵羊	0.5	5.38	54.4				10~15
山羊	0.5	6.67	54.8				8~10

白蛋白、α蛋白、β蛋白、γ蛋白的测定方法有 3 种：Antweiler 法、滤纸电泳和 Tiselius 法，所以有的数值是 3 组。

（王　徽）

附录5　实验动物用药物剂量的确定

一、药量单位

1. 质量单位　药量的基本质量单位是克（g），有时用到毫克（mg）、微克（μg）、纳克（ng）及皮克（pg）。一般固体药物多用质量表示：

$$1 \text{ kg} = 10^3 \text{ g} = 1000 \text{ g (gram)}$$
$$1 \text{g} = 10^0 \text{ g} = 1000 \text{ mg (milligram)}$$
$$1 \text{ mg} = 10^{-3} \text{g} = 1000 \text{ μg (microgram)}$$
$$1 \text{ μg} = 10^{-6} \text{g} = 1000 \text{ ng (nanogram)}$$
$$1 \text{ ng} = 10^{-9} \text{g} = 1000 \text{ pg (picogram)}$$
$$1 \text{ pg} = 10^{-12} \text{g} = 1000 \text{ fg (femtogram)}$$
$$1 \text{ fg} = 10^{-15} \text{g} = 1000 \text{ ag (attogram)}$$

2. 容量单位　药量的基本容量单位是毫升（mL），液体药物多用容量表示。

$$1 \text{ L} = 1000 \text{ mL (milliter)}$$
$$1 \text{ mL} = 10^{-3} \text{ L} = 1000 \text{ μL (microliter)}$$
$$1 \text{ μL} = 10^{-6} \text{ L} = 1000 \text{ nL (nanoliter)}$$
$$1 \text{ nL} = 10^{-9} \text{ L} = 1000 \text{ pL (picoliter)}$$
$$1 \text{ pL} = 10^{-12} \text{ L} = 1000 \text{ fL (femtoliter)}$$
$$1 \text{ fL} = 10^{-15} \text{ L} = 1000 \text{ aL (attoliter)}$$
$$1 \text{ aL} = 10^{-18} \text{ L}　超微量容量单位$$

二、按体表面积折算剂量的概念

药物剂量的确定是实验研究的重要问题。某种人或动物的剂量一般可从药典或文献中获得，如何折算为其他动物的剂量是实验中常碰到的问题。

药物的剂量以往多用体重折算，以毫克/千克（mg/kg）表示，这种表示方式在不同种类动物相差很大。许多药物的体内代谢及作用与体表面积的关系比体重的关系更为密切，用毫克/平方米（mg/m²）表示，这种表示方式在不同种类动物很接近（相当于等效剂量），即剂量与体表面积近似成正比。

体表面积（A，单位 m²）可用体型指数（R）与体重（W，单位 kg）估算：

$$A = R \times W^{2/3}$$

体型指数（R）：参见附表 5-1。

三、动物间剂量折算

在许多情况下，并不需要计算体表面积。由于各动物的 R 值是固定的，如各动物假定一个"标准体重"，就很容易按上式求出各动物间剂量的比例关系，参见附表 5-1（K 与 K_w 均以剂量最小者为 1.00，取 3 位有效数字）。

附表 5-1 不同动物的剂量折算

动物	小鼠	大鼠	豚鼠	兔	猫	猴	狗	人
标准体重 /g	20	200	400	1500	2000	4000	12 000	60 000
体重比例	1	10	20	75	100	200	600	3000
R（体型指数）	0.059	0.09	0.099	0.093	0.082	0.111	0.104	0.11
K（剂量折算系数）	1.00	7.08	12.4	28.0	29.9	64.3	125	353
K_w（千克体重剂量折算系数）	8.51	6.02	5.26	3.18	2.55	2.74	1.78	1.00

（一）动物符合标准体重时计量的折算

1. 已知标准体重的 A 种动物的用药量，欲估计标准体重的 B 种动物的用药剂量时，可查附表 5-1 找出剂量折算系数（K），再按下列公式计算。

每只 B 种动物的剂量（mg）＝A 种动物的剂量（mg）×B 动物的 K/A 动物的 K

例 20g 体重的小鼠每只剂量为 3.2mg，求 4kg 体重的猴每只的剂量。

解 猴每只剂量＝3.2mg×64.3/1.00＝205.76 mg（约 200mg）。

2. 已知 A 种动物每千克体重用药量，欲估计 B 种动物每千克体重用药剂量时，可查附表 5-1 找出千克体重剂量折算系数（K_w），再按下列公式计算。

B 种动物的剂量（mg/kg）＝A 种动物的剂量（mg/kg）×B 动物的 K_w/A 动物的 K_w

例 体重为 12kg 的狗剂量为 1.5mg/kg，求 200g 大鼠的剂量（mg/kg）。

解 大鼠剂量＝1.5×6.02/1.78＝5.07（mg/kg）

（二）动物不符合标准体重时剂量的折算

当动物不符合标准体重（离标准体重较远）时，仍需利用上述求体表面积公式。

每只用量（绝对量）关系：

$$\frac{D_1}{D_2}=\frac{R_1 W_1^{2/3}}{R_2 W_2^{2/3}}$$

毫克／千克（mg/kg）用量关系：

$$\frac{D_{W_1}}{D_{W_2}}=\frac{R_1 W_1^{2/3}/W_1}{R_2 W_2^{2/3}/W_2}=\frac{R_1 W_2^{1/3}}{R_2 W_1^{1/3}}$$

例 1 猫 W_2＝3kg，D_2＝20mg，求豚鼠 W_1＝0.3kg 时的 D_1。

解 用上述每只用量关系的公式，得

$$D_1=\frac{R_1 W_2^{1/3}}{R_2 W_1^{1/3}}\cdot D_2=\frac{0.099\times0.3^{1/3}}{0.082\times3^{1/3}}\times20=11.2（mg）$$

例 2 兔 W_2＝2.5kg，D_{W_2}＝40mg/kg，求人 W_1＝70kg 时的 D_{W_1}。

解 用上述毫克／千克（mg/kg）用量关系的公式，得

$$D_{W_1}=\frac{R_1 W_2^{1/3}}{R_2 W_1^{1/3}}\cdot D_{W_2}=\frac{0.11\times2.5^{\frac{1}{3}}}{0.093\times70^{\frac{1}{3}}}\times40=16.0（mg/kg）$$

当新药用于患者时，从动物折算的人用量应减少。

（三）不同体重同种动物剂量折算

同种动物剂量的折算，因不涉及体型指数，较为简单，其绝对量直接与 $W^{2/3}$ 成正比

例1　小鼠 $W_2=20\text{g}$ 时，每只剂量为 $D_2=5\text{mg}$，求其 $W_1=40\text{g}$ 时的 D_1。

解

$$D_1=\frac{W_1^{2/3}}{W_2^{2/3}}\cdot D_2=\frac{40^{1/3}}{20^{1/3}}\times5=8(\text{mg})$$

例2　狗 $W_2=10\text{kg}$ 时，剂量为 $D_{W_2}=20\text{mg/kg}$，求其 $W_1=25\text{kg}$ 时的 D_{W_1}。

解

$$D_{W_1}=\frac{W_2^{1/3}}{W_1^{1/3}}\cdot D_{W_2}=\frac{10^{\frac{1}{3}}}{25^{\frac{1}{3}}}\times20=14.7(\text{mg/kg})$$

（公式见下）

例1　小鼠 $W_2=20\text{g}$ 时每只剂量为 $D_2=5\text{mg}$，求其 $W_1=40\text{g}$ 时的 D_1。

解

$$D_1=\frac{W_1^{2/3}}{W_2^{2/3}}\cdot D_2=\frac{40^{2/3}}{20^{2/3}}\times5=8(\text{mg})$$

例2　狗 $W_2=10\text{kg}$ 时剂量为 $D_{W_2}=20\text{mg/kg}$，求其 $W_1=25\text{kg}$ 时的 D_{W_1}。

解

$$D_{W_1}=\frac{W_2^{1/3}}{W_1^{1/3}}\cdot D_{W_2}=\frac{10^{1/3}}{25^{1/3}}\times20=14.7(\text{mg/kg})$$

（四）不同给药途径之间的换算

静脉给药的生物利用度为 100%，口服约相当于静脉给药的 25%，灌胃与口服约相当，皮下注射相当于静脉给药的 50%，肌内注射相当于静脉给药的 80%，腹腔注射与肌内注射约相当。

若已知口服剂量，静脉给药可用口服剂量的 25%、皮下注射用 50%、肌内注射或腹腔注射用 20% 作为预估的剂量做预实验，最终确定实验剂量。

若已知静脉给药剂量，口服或灌胃可用 4 倍于静脉给药的剂量、皮下注射用 2.5 倍、肌内注射或腹腔注射用 1.25 倍作为预估的剂量做预实验，最终确定实验剂量。

四、确定实验剂量的具体方法

1. 实验剂量一般可通过查阅文献参照试用。若查不到待试药物的剂量而有其他种类动物的剂量，可以作动物间剂量换算。由于动物对药物敏感性具有种属差异，按上述方法折算的剂量只是粗略的估算，还需在预实验中进一步确定。

2. 实验剂量也可通过预实验获得。一般从较小剂量开始，如前一剂量反应很小时，对整体动物实验增加至 3 倍剂量通常不会产生过强的反应；离体器官实验剂量可按 5 倍或 10 倍递增。

3. 在无任何资料参照的情况下，可做一个急性毒性实验得到半数致死量（LD_{50}），取其 1/10、1/20、1/30 的剂量作为药效学的高、中、低剂量做预实验，在预实验中调整和确定实验剂量。

4. 人用的剂量首先要考虑安全，对新药的临床试用要慎重。不要将在动物折算过来的剂量随便用在人身上。有人认为上述折算法计算出最大耐受量的等效剂量的 1/3 可作为较安全的试用量。试用后如未出现不良反应，此时增加一倍量一般不会引起严重中毒，随着剂量的递增，每次增加的比例要逐步减少到 30%～35%。

5. 与药物敏感性有关的是，某些接受电流刺激的实验，动物或组织敏感性可逐渐下降；也有些药物反复应用后，受试者对其敏感性下降或出现耐受性，需及时调整剂量。

（刘　畅　王冰梅）

参 考 文 献

陈克敏，2001. 实验生理科学教程［M］. 北京：科学出版社.

施新猷，1980. 医学动物实验方法［M］. 北京：人民卫生出版社.

施雪筠，1995. 生理学实验指导［M］. 上海：上海科学技术出版社.

施雪筠，2003. 生理学［M］. 北京：中国中医药出版社.

项辉，龙天澄，周文良，2011. 生理学实验指南［M］. 北京：科学出版社.

朱大诚，2014. 生理学实验教程［M］. 北京：人民军医出版社.